U0052254

原色圖鑑

孔雀魚·日光燈的快樂飼養法

佐佐木浩之◎著　彭春美◎譯

漢欣文化事業有限公司
Han Shin Cultural Enterprise Co., Ltd.

原色圖鑑 孔雀魚・日光燈的快樂飼養法

CONTENTS

PART 2 孔雀魚&日光燈的 完全目錄 33

PART 3 孔雀魚&日光燈的 水族箱設置法 83

PART 5 孔雀魚&日光燈的 水草栽培和維護 159

給特別喜愛孔雀魚和日光燈的人

購買本書的人，我想應該都是喜愛孔雀魚或日光燈，或是對牠們有興趣的人。

我想，接下來考慮要飼養的人應該也不少，只是在做為興趣的同時，大概也有能否好好飼養的不安吧！

熱帶魚的飼養，只要掌握基本原則，就沒有困難；而且孔雀魚的繁殖也算是簡單。

因此，只要學會熱帶魚飼養的基本、知道正確的飼育法，一定能做出非常漂亮的水族箱。

孔雀魚和日光燈都是非常漂亮的魚。如果本書能夠完全呈現出牠們的魅力，能幫助你做出賞心悅目的水族箱的話，那就太好了。

動物攝影師&水族愛好者
佐佐木浩之

孔雀魚&日光燈

孔雀魚

目前已知孔雀魚有許多品種，在店家也能看到各式各樣的孔雀魚，所以你一定能找到喜愛的孔雀魚。或許有一天，也可以創造出你個人獨創的孔雀魚呢！

豔冠群芳又深奧的孔雀魚。受人喜愛的祕密是這個。

大家都認識的熱帶魚界中的明星，就是孔雀魚了。鮮豔的色彩加上大大的魚鰭，任何人看了都會為牠美麗的姿態傾倒，而成為飼養熱帶魚的契機。因此甚至有「始於孔雀魚，終於孔雀魚」的說法。為什麼是終於孔雀魚呢？因為飼養孔雀魚的真正樂趣，就在於創造自己的孔雀魚。

美麗的紅尾白子孔雀魚。

POINT!

孔雀魚的推薦點！

1 優雅美麗
2 品種豐富
3 繁殖容易
4 可以創造出個人獨創的孔雀魚

時髦的霓虹禮服孔雀魚。

的樂趣點在這兒！

日光燈

可不要因為是通俗的種類就小看牠了。牠的美麗可是其他魚種難以匹敵的，因此自古以來就為人們所熟悉、普及。而且因為養殖興盛、價格便宜，所以能夠大量購入，輕易就能享受到燈魚同類的群泳妙趣。

改良品種的鑽石日光燈。

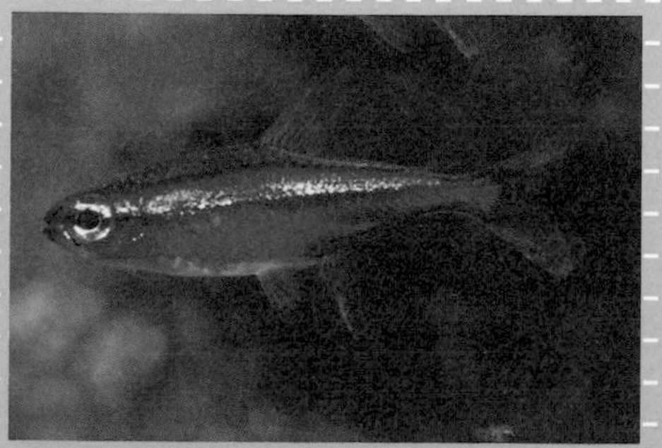

近親種的紅蓮燈。

在水草造景中群泳，是最適合日光燈的玩賞方式。

小型美魚的代表種──日光燈。牠的美麗讓牠自古以來就為人們所熟知，是熱帶魚界不可欠缺的存在。而讓日光燈在水草造景中群泳，可以讓牠的美麗倍增。甚至可以說，不讓牠群泳就無法說是日光燈。如果要飼育日光燈，一定要以10隻為單位來飼育，相信一定能夠讓你感到心滿意足。

POINT!

日光燈的推薦點！

1 美麗的色彩
2 群泳之美
3 價格便宜，能夠大量購入
4 繁殖困難而充滿深奧

Q 為什麼日光燈能夠在香港大量養殖？

A 在繁殖上最困難的是稚魚的育成。稚魚越大，育成就越容易。

卵胎生鱂魚同類的繁殖之所以很容易，就是因為如此；而出生後能夠立刻吃到豐年蝦幼蝦或人工飼料也是其中很大的原因。

不過，日光燈的稚魚非常小，初期飼料必須使用纖毛蟲（參照P.32）這種微生物才行。香港之所以養殖興盛就是因為能夠採集到優質纖毛蟲的關係。

活潑游動的單色雙劍孔雀魚。

Q 只有一個水族箱，請問最容易飼養維持的孔雀魚是什麼種類？

A 底劍等被稱為劍尾系的孔雀魚應該是最適合的吧！體型有野性美，大多是色彩美麗的魚，所以一定能夠找到你喜歡的品種。而且在系統維持上比較容易，也是推薦給新手最主要的因素。也可以說，只要淘汰掉剛出生的畸形魚，在水族箱的維持上就不會有問題。還有，尾鰭雖然不大，卻會非常活潑地到處游來游去，讓人百看不厭。

繁殖困難的日光燈。

Q 綠蓮燈和日光燈有哪裡不同？

A 綠蓮燈比日光燈還要小上一圈，是最小型的燈魚之一。牠和日光燈的色彩差異，在於日光燈的霓虹藍帶約只到脂鰭，而綠蓮燈的藍帶則到達尾根。因此也有長帶日光燈的別稱。

還有，牠的紅帶雖然比較淡，不過面積比日光燈寬廣，且到達腹部。綠蓮燈多少具有草食性，因此若有種植高價的水草，或許養日光燈會比較適合。

Q 孔雀魚會產下多少小魚？

A 出生約2個月大的雌魚，剛開始會產下10隻左右的小魚。之後以4個禮拜一次的週期一直生產，數量會逐漸變多。長大的雌魚，一次甚至可能產下近100隻的小魚。孔雀魚並不是很長壽的魚，一生大概會生產10次左右。

接近生產的母孔雀魚。

PART 1

孔雀魚&日光燈的水族箱推薦設計

正因為是小型美魚「孔雀魚」和「日光燈」，
才有這樣的水族箱設計。
孔雀魚以美麗的體色和豪華的魚鰭，
優雅地游在水草森林中；
而以100隻為單位的日光燈所組成的水族箱則讓人目不轉睛。
來吧！美麗的水族箱上場了。

此次的主角．孔雀魚和日光燈混養的造景水族箱。如果是想純粹享受混養的樂趣，這樣就很足夠了。

水族箱設計 1

60cm大小

孔雀魚＆日光燈的水族箱

2種超人氣美魚的豪華混養

向孔雀魚和日光燈的美麗混養挑戰看看。

本書的主角——孔雀魚和日光燈可以一起飼養嗎？這大概是許多新手腦中思考的問題吧？如果想做徹底的飼養，目標到繁殖魚兒的話，基本上是必須避免混養的。不過，只要使用混養缸來飼養，就可以進行混養，能夠毫無問題地飼養下去。

本水族箱就是為了同時享受孔雀魚和日光燈的飼養樂趣而製作的，不僅魚兒有充分的游泳空間，也能夠展現孔雀魚和日光燈的魅力。

如果想要製作這樣的混養缸，儘量選用整體上以中性水質就能夠飼養的魚，可以讓飼養變得更加容易。

本水族箱的設置情況在98頁開始的「水族箱的設置」中有介紹，不妨加以參考。

super point!

可以和哪種魚一起飼養？

要一起混養的魚，合適水質基本上最好是相同的。其實，大多數的魚都能以中性水質飼養，所以飼養上應該不會有問題。尤其是已經習慣飼養水族箱的養殖個體，對水質的適應範圍相當大，所以混養的空間應該也很大吧！

隨著水草生長，造景也會越來越漂亮吧！要維持美麗的造景，修整是不可欠缺的。

網紋禮服
在數量眾多的禮服孔雀魚中，是色彩特別豐富的孔雀魚。讓牠在造景水族箱中游動，特別具有存在感，非常美麗。

使用品項（水草・流木・石頭等）

1	亞馬遜劍草
2	南美莫絲
3	爪哇莫絲
4	迷你水蘭
5	新中柳
6	扭蘭
7	青紅柳
8	大血心蘭
9	流木

南美莫絲
莫絲可從末端是否生長成三角形來做辨識。是利用價值頗高的水草，很容易取得。

從水族箱正上方看過去的配置

水族箱資料

水族箱尺寸	600×300×350（mm）
水溫	26℃
pH	7.0
底床	過濾砂礫
照明	24W×2
過濾器	壁掛式過濾器（U1）
魚	外國產各種孔雀魚 日光燈

＊pH以7.0為中性，數值比7.0大就是鹼性，比7.0小則為酸性。

豹紋皇冠水草的馬賽克紋路和孔雀魚的花紋相互重疊，頗具趣味不是嗎？

水族箱設計 2 36cm大小

孔雀魚的水族箱 vol.1

簡單且層次分明的水族箱

造景的色彩，會改變游動的孔雀魚給人的印象。

只要改變水草種類等環境，轉換水族箱內的明亮度和色彩，就能改變孔雀魚給人的印象。即使是相同色彩的同種孔雀魚，也可能因為造景而呈現出完全不同的印象。隨著不同的造景，將對該魚的想法設定為重點，應該就能發揮出其最大的魅力了吧！

姑且不論魚兒魅力不再的情形，但是隨著造景的不同，是可以呈現出萬種風情的。可以的話，就配合所飼養的孔雀魚的色彩來決定造景吧！

這次想要呈現的是雅緻的魅力，因此以小榕和流木交纏的深綠色為背景，讓孔雀魚悠游其間。紅馬賽克孔雀魚的深紅色和小榕的深綠色看起來非常搭配呢！

super point!

想在單個水族箱中繁殖的話…

如果想在單個水族箱中飼養到繁殖的話，最好飼養同品種的魚，以免變成雜種。此外，最好多使用可做為避難所的水草或流木，以免剛出生的稚魚被親魚吃掉。

紅馬賽克孔雀魚

日本產的紅馬賽克孔雀魚，擁有和外國產孔雀魚不同的纖細之美。真想讓牠優雅地游在水草造景的水族箱中。

真紅眼白子馬賽克孔雀魚

真紅眼白子馬賽克孔雀魚的飼養、繁殖都很困難，是適合高級者的孔雀魚。不過，牠的美麗將使飼養的辛苦煙消雲散。

扭蘭

將葉形獨特的扭蘭使用在造景上，可以呈現出動感，讓造景變得有趣。

使用品項（水草・流木・石頭等）

1	流木
2	扭蘭
3	青蝴蝶
4	豹紋皇冠
5	小榕

水族箱資料

水族箱尺寸	360×300×300（mm）
水溫	24℃
pH	7.0
底床	過濾砂礫
照明	15W×2
過濾器	壁掛式過濾器
魚	各種孔雀魚

＊pH以7.0為中性，數值比7.0大就是鹼性，比7.0小則為酸性。

從水族箱正上方看過去的配置

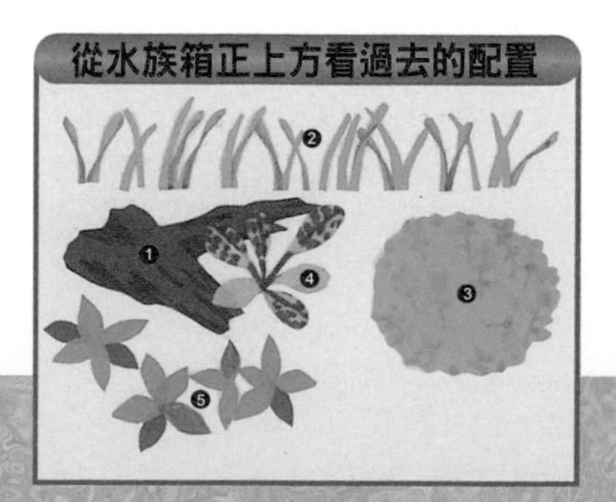

小型水族箱無法使用太多品項，所以製作者的品味很重要。不妨像這個造景般在中間設置流木，均衡地種植水草吧！

水族箱設計 3 36cm大小

孔雀魚的水族箱 vol.2

孔雀魚和美麗蝦子的競相演出

使用小型造景水族箱，
盡情享受美魚・孔雀魚的飼養樂趣。

在房間不大的空間中，如果有個美麗的水族箱，該有多麼美好啊？而且，如果有五顏六色的孔雀魚悠游其中，那就是最棒的室內裝飾了。

不過，小型水族箱的水量少，在維持上稍有難度，放棄的人大概也不少吧？話說回來，因為近來飼養器具的進步，小型水族箱的維持也變得比較容易了。

所以，何不試著以小於40公分的小型水族箱來製作造景，飼養孔雀魚呢？而且，如果能一起飼養非常可愛的紅水晶蝦之類的，一定會變成有趣的造景。

super point!

紅水晶蝦的繁殖情況是？

孔雀魚和紅水晶蝦成蝦的混養不會有問題，但需記住紅水晶蝦的幼蝦會被孔雀魚吃掉。大概只有極少數能夠巧妙地躲藏在水草或流木陰暗處的幼蝦才能順利長大。

蛇王孔雀魚

由令人聯想到眼鏡蛇的眼狀花紋而被稱呼此名，是非常受歡迎的品種之一。鮮豔過人的色彩是本品種的最大魅力。極深的黃色和綠色非常美麗。

使用品項（水草・流木・石頭等）

1	鹿角鐵皇冠的附生流木
2	香香草
3	針葉皇冠
4	寬葉太陽草
5	南美莫絲
6	大榕
7	皺葉紅蝴蝶
8	闊葉虎斑椒草
9	溫蒂椒草
10	中簀藻

水族箱資料

水族箱尺寸	360×300×400（mm）
水溫	25℃
pH	7.0
底床	亞馬遜砂
照明	15W×2
過濾器	壁掛式過濾器
魚	各種孔雀魚
	紅水晶蝦

＊pH以7.0為中性，數值比7.0大就是鹼性，比7.0小則為酸性。

從水族箱正上方看過去的配置

蕾絲蛇王孔雀魚

非常淡的色彩，給人纖細印象的孔雀魚。乍看給人虛弱的感覺，其實在飼養上和其他的孔雀魚一樣，都能毫無問題地飼養。請務必讓牠們複數地群泳。

紅水晶蝦

即使是在有水草造景的水族箱中，美麗的紅色體色依然相當顯眼，是蜜蜂蝦的改良品種。美麗個體的流通量並不太多，所以價格稍高。不過，卻是物超所值的絕色美蝦。

孔雀魚是會活潑游動的魚。造景上最好確保充分的游泳空間，完成快樂群泳的水族箱。

水族箱設計 4

45cm大小

孔雀魚的水族箱 vol.3

可以遊戲、可以躲藏的快樂水族箱

建議水族新手一定要挑戰看看的造景。

認為水族箱造景很困難的人應該不少吧！的確，要一根一根計算水草種植的美麗造景是必須從經驗中累積實力的。

其實，水族箱造景也不光僅是這樣而已。想要享受養魚的樂趣，造景上也應該要儘量簡單，並且考量到維護的方便性。

這次我們將鐵皇冠和爪哇莫絲附生在流木上，製作成任何人都能輕易享受樂趣的造景。這樣的造景，不但能夠享受孔雀魚活潑悠游之姿的樂趣，換水等的維護也很容易，就算是新手，應該也能長久維持吧！

剛開始的野心過大，卻很快地就無法處理，這樣是沒有意義的。開始時應簡單地配置，再逐漸提高品質。請從最大限度地享受孔雀魚的飼養樂趣開始吧！

super point!

容易維護的造景

像這次的造景一樣，使用鐵皇冠附生流木或是莫絲附生流木，在更換造景配置或是換水時都能輕易進行維護。請務必用喜歡的流木和水草來製作看看。

紅霓虹（上）／佛朗明哥蛇王（下）

如果目標是繁殖，最好將雄魚飼養在造景水族箱，雌魚則以繁殖水族箱飼養。將複數品種全放在一起飼養時，就會全變成雜種，無法培育出優良的孔雀魚。

鐵皇冠

大概是最適合附生在流木上的水草吧！而且非常強健，即使是新手也能夠輕易培養。近來市面上也售有已經附生在流木上的商品，不過，最好還是按照個人喜好自行製作。

使用品項（水草・流木・石頭等）

1	鐵皇冠附生流木
2	爪哇莫絲附生流木
3	小水蘭
4	流木

從水族箱正上方看過去的配置

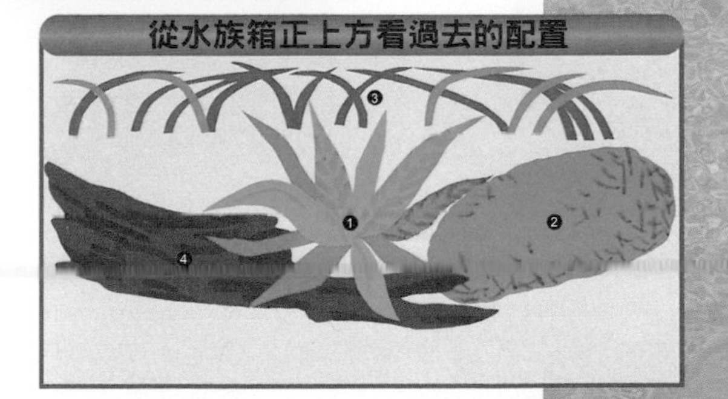

水族箱資料

水族箱尺寸	450×360×350（mm）
水溫	24℃
pH	7.0
底床	河砂
照明	15W×2
過濾器	外部式（EHEIM 2211）
魚	國外產各種孔雀魚

＊pH以7.0為中性，數值比7.0大就是鹼性，比7.0小則為酸性。

紅馬賽克孔雀魚

是最受歡迎的孔雀魚，其華麗的色彩，自古以來就受人喜愛。在造景水族箱內也是非常顯眼的存在。即使僅有本品種悠游水族箱中，還是很有樂趣吧！

孔雀魚自不待言，其實造景整體的生長也很有樂趣。必須加以修剪，以免水草過度生長。

水族箱設計 5 60cm大小

孔雀魚的水族箱 vol.4
突顯美麗魚兒的水草

隨著水草逐漸生長，
也會改變景觀成為值得欣賞的水族箱。

最適合新手的水族箱大概是60cm大小的水族箱吧！不會過大的適當大小，也有某程度的水量，在換水等維持水質的維護上也很容易。

此外，在造景方面也頗為恰當，因為可以多使用流木等裝飾品，所以45～60公分的水族箱，應該是最容易做造景的。這是可以讓人熟悉熱帶魚飼養、造景入門的水族箱。

因此，不妨用60公分的水族箱，輕鬆地製作孔雀魚可以快樂悠游的造景吧！不需種植太多的水草，將重點放在孔雀魚上。然而，隨著水草的逐漸生長，也會慢慢成為值得欣賞的水族箱。

隨著孔雀魚的成長，造景整體的生長也變得有趣。為了避免水草過度生長，修整是必要的。

super point!
什麼魚不會吃孔雀魚的稚魚？

適合和孔雀魚一起飼養的混養魚，大概是小精靈和鼠魚吧！小精靈不會攻擊孔雀魚，還會吃水族箱中的青苔，是很寶貴的幫手。鼠魚也是能夠毫無問題做混養的熱帶魚。

活潑游著的孔雀魚。只要水草能長得漂亮，水族箱內的水質佳，孔雀魚應該就能維持在良好的狀態。最重要的還是水質。

小水蘭

小水蘭會以匍匐莖不斷向側面繁殖，所以造景時會隨著時間而變得自然。

葉底紅

試著用紅色系的水草做為造景重點。只要重點使用就行了。

使用品項（水草・流木・石頭等）

1	鹿角鐵皇冠附生流木
2	細葉鐵皇冠
3	爪哇莫絲附生流木
4	南美莫絲
5	小水蘭
6	小榕
7	葉底紅
8	珍珠草
9	溫蒂椒草
10	迷你水蘭

水族箱資料

水族箱尺寸	600×360×360（mm）
水溫	24℃
pH	7.0
底床	PLANT SAND
照明	20W×2
過濾器	底部式過濾器
魚	各種孔雀魚

＊pH以7.0為中性，數值比7.0大就是鹼性，比7.0小則為酸性。

從水族箱正上方看過去的配置

從斜上方的角度看水族箱，可以用不同於平常的感覺觀察孔雀魚。這是在水陸景缸才能看到的光景。

水族箱設計 6 90cm大小

孔雀魚的水族箱 vol.5

美魚和野生水族箱的絕妙景色

水陸景缸加孔雀魚。打破既有觀念的造景。

水陸景缸（Aqua-terrarium）追求的是更自然的造景。因此，至今水陸景缸中飼養的魚全都是野生的魚種，並沒有改良品種悠游其中。

因此，這次就大膽地加以挑戰，卻出乎意料地完成非常優異的作品。發現孔雀魚在水陸景缸中游動的姿態竟是如此美好。

這次使用的水陸景缸背幕是原創的，以保麗龍加工所製成的。由於做法並不困難，有興趣的人不妨嘗試看看。

雖說如此，要做出自然感必須仰賴個人品味也是事實。要讓青苔生長或是使用觀葉植物的確是有些辛苦，不過完成時的成就感也很大。

super point!

水陸景缸是什麼？

水陸景缸就是在同一個水族箱中，做出水域和陸地兩種區域，因此大多都是在水域中飼養少數的魚，陸地區域則飼育陸上植物或是兩生類等。可以說是能夠享受更接近自然風景之趣的水族箱。

從正面看，乍看是普通的水族箱，不過水面卻位於相當下面。因為水量不多，所以無法放入太多的魚。

佛朗明哥孔雀魚

外國產的黃金紅尾孔雀魚，因帶有紅鶴（flamingo）般的火紅色彩而有此名。非常華麗，即使是在水陸景缸的水族箱中，一樣是搶眼的存在。

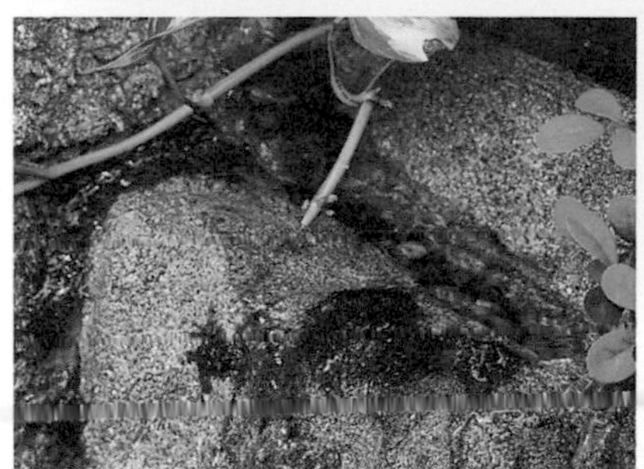

過濾器的排水呈瀑布狀，讓水也能遍及青苔等。視覺上也非常漂亮。

使用品項（水草・流木・石頭等）

1	爪哇莫絲
2	鹿角苔
3	小榕
4	龍鬚草
5	莎草
6	香香草
7	原創背幕
8	小氣泡椒草

水族箱資料

水族箱尺寸	900×450×450（mm）
水溫	25℃
pH	7.5
底床	河砂
照明	20W×3
過濾器	水中式過濾器
魚	外國產各種孔雀魚

＊pH以7.0為中性，數值比7.0大就是鹼性，比7.0小則為酸性。

從水族箱正上方看過去的配置

即使只有亞馬遜劍草，也能做成十分有觀賞價值的造景。

水族箱設計 7 30cm大小

日光燈的水族箱 vol.1

魚兒和水草的絕佳對比

對亞馬遜的熱帶魚來說，還是亞馬遜的水草最適合。

在這個造景中，要玩賞的是野生日光燈和鑽石日光燈群泳的美麗姿態，因此只配置亞馬遜劍草和流木。如果想製作這樣的造景，不妨試著想像亞馬遜的小河流來做配置。

這次使用的的亞馬遜劍草是最普遍的水草之一，雖然是用於造景上非常具有存在感的美麗水草，但卻不太受到矚目。原因或許是要培植到長成漂亮的水中葉需要足夠的耐心，而且很少看到美麗的植株吧！

希望你能長久維持良好的環境，以了解亞馬遜劍草的真正價值。然後，也建議你朝其他皇冠屬的水草同類挑戰。

super point!

如果想做成自然的造景……

適合和亞馬遜劍草組合使用的，是附生有爪哇莫絲的流木。這樣的組合非常美麗，看起來更自然。這時，為了維持造景，爪哇莫絲的修整是不可欠缺的。

從水族箱正上方看過去的配置

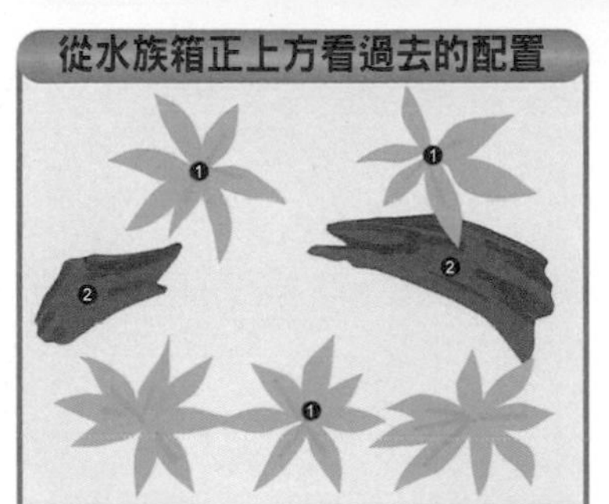

讓日光燈群泳於全體呈深綠色的造景中，使得腹部的紅色更加亮眼。最好還是以10隻為單位地讓其悠游。

亞馬遜劍草
水族世界最有名的水草之一，簇生狀水草的代表種。是葉數多且大型的皇冠屬植物，非常值得觀賞。

使用品項（水草・流木・石頭等）

1	亞馬遜劍草
2	流木

水族箱資料

水族箱尺寸	300×300×300（mm）
水溫	26℃
pH	6.5
底床	河砂
照明	8W×3
過濾器	外部式（EHEIM 2211）
魚	野生日光燈
	鑽石日光燈

＊pH以7.0為中性，數值比7.0大就是鹼性，比7.0小則為酸性。

野生日光燈
商店見到的日光燈大多是香港的繁殖個體，運氣好的話才可看到從當地採集進口的野生日光燈。

悠游在水草中的日光燈，只有美麗可以形容。更講究地只使用南美產的水草來造景也頗具趣味。

水族箱設計 8
69cm大小

日光燈的水族箱 vol.2
滿滿的水草！這裡是水中叢林

試著為日光燈製作水草造景。

完成讓日光燈在水草造景的水族箱中群泳的景象。一邊閃爍著，一邊井然有序悠游的光景，有如游動的寶石。

因此，不要說是配合水草造景來飼養日光燈，而是為了享受日光燈的樂趣而試著準備水草造景如何？

聽起來像是同一件事，在意義上卻大不相同。飼養日光燈的熱情會有差異是當然的，其實在技術方面也不一樣。若以日光燈的群泳為主來加以考慮，水草選擇也會有差異，不妨選擇水質和色彩都適合的水草。

還有製作造景的時候，也要經常想像日光燈群泳的樣子，讓魚兒容易游動地進行配置。如此一來，應該就能看到最美麗的日光燈了吧！

super point!

適當地修整水草

多量使用有莖水草的造景，定期修剪等維護是必需的。放著不管的話，造景很快就不成樣子了。尤其是前景水草，如果不經常修剪，日光燈的游泳空間就會變小。

感覺像是日光燈結群在水草茂盛的小河中的水景。能感受置身於大自然的感覺，也是飼養熱帶魚的妙趣之一。

中柳

這是會長得比較大型的水蓑衣類，所以也可以做為中心水草使用。根部最好給予肥料。

使用品項（水草・流木・石頭等）

1	小榕
2	珍珠草
3	鐵皇冠
4	小圓葉
5	流木
6	水蘭
7	針葉皇冠
8	尖葉紅蝴蝶
9	中柳
10	大血心蘭
11	小艾克
12	黃金錢草
13	綠千層
14	水羅蘭
15	宮廷草
16	綠松尾
17	紅太陽

從水族箱正上方看過去的配置

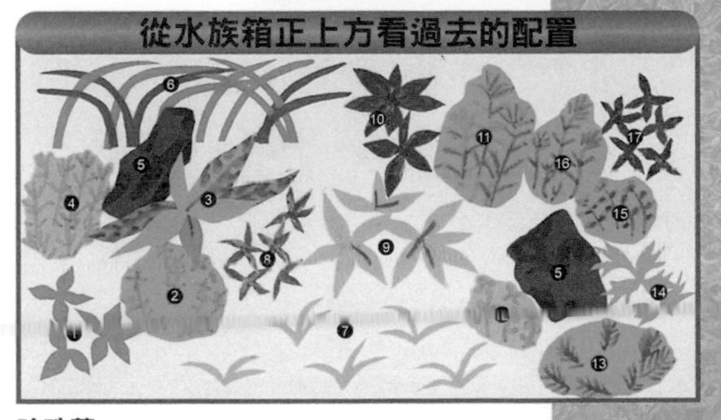

珍珠草

小小的葉子密生，亮綠色的美麗水草。將數十株種在一起，也可以做為造景的主角。

水族箱資料

水族箱尺寸	690×480×500（mm）
水溫	27℃
pH	6.9
底床	大磯砂
照明	20W×2
過濾器	外部式（EHEIM 2233）
魚	日光燈150隻

＊pH以7.0為中性，數值比7.0大就是鹼性，比7.0小則為酸性。

日光燈群泳在如草原般美麗造景中的模樣，真的非常搶眼。一定要拿來做為配置的參考。

水族箱設計
9
60cm大小

日光燈的水族箱 vol.3
魚兒們可以自由群泳的廣大空間

使用鹿角苔的美麗造景。
高光量和 CO_2 是絕對條件。

以鹿角苔為主所製作的美麗造景，聳立其中的石頭是絕佳的強調重點。雖然在重要位置種植的是牛毛氈，但其實牛毛氈和鹿角苔非常搭配，所以在這樣的造景中，是經常組合出現的水草。

鹿角苔本來是浮在水面生長的苔蘚類，但像這樣綁在物體上沉於水中也會生長，這個造景就是利用了這種性質。狀態良好的鹿角苔在水中會活潑地進行光合作用，產生無數的氣泡，非常美麗，極受到歡迎。想要栽培好鹿角苔，高光量和CO_2是絕對條件。

只是，由於原本是浮在水面上生長的，所以浮力很大，如果細綁方法不好，或是任其生長的話，就會浮起來，最好在變成此情況前就加以修正。

super point!
使用鹿角苔的要領

使用鹿角苔造景的要領，在於用石頭和網子細綁鹿角苔時，為了讓它不容易浮起來，要先在底下鋪上爪哇莫絲，再將鹿角苔置於其上後細綁。雖然有點麻煩，但這樣的辛苦一定會獲得回報的。

日光燈

最受歡迎的熱帶魚之一。價格便宜、容易飼養、體態優美，是具備一切條件的熱帶魚。藉由群泳，更增添了牠的美麗。請務必要如照片般讓牠成群悠游。

牛毛氈

如針般的細長葉子是其特徵，由匍匐莖繁殖。牛毛氈的同類有許多種，從小型至大型的都可購得。基本上是強壯的水草，不過容易被苔蘚覆蓋，要注意。

使用品項（水草・流木・石頭等）

1	矮珍珠
2	鹿角苔
3	牛毛氈
4	針葉皇冠
5	黃虎石

從水族箱正上方看過去的配置

水族箱資料

水族箱尺寸	600×300×350（mm）
水溫	26℃
pH	6.5
底床	亞馬遜砂、能源砂（power sand）
照明	20W×4
過濾器	外部式（EHEIM 2213）
魚	日光燈
	櫻桃蝦

＊pH以7.0為中性，數值比7.0大就是鹼性，比7.0小則為酸性。

櫻桃蝦

近來引進日本的台灣產的極具魅力的淡水蝦之一。也以玫瑰蝦等名稱流通，是受人喜愛的品種。

在相當大型的造景水族箱裡飼養燈魚中體型較大且鮮豔的紅蓮燈，應該是最適合的吧！

水族箱設計 10

130cm大小

紅蓮燈的水族箱
讓色彩鮮豔的魚兒們穿梭密林中

如果採用大型水族箱，最好也加大魚兒的尺寸。

放入此造景中的紅蓮燈，最大的特徵是紅色比日光燈深濃，整個腹部都呈紅色。或許是因此而顯得比日光燈還要花俏華麗吧！讓人強烈感覺到其豪華感的主要原因，不只是因為紅色範圍多，還有另外一點。

那就是此次重點的「大」，因為紅蓮燈比日光燈還要大上一號。但也不是只要大就好了，而是因為牠的顯眼度高。如果考慮加大水族箱的尺寸做飼養時，絕對不能錯過。相信牠一定能呈現出不遜於大型水族箱造景的存在感。

紅蓮燈
以前價格高昂，要讓牠群泳什麼的只能說是做夢；不過現在價格變得低廉，夢想也得以實現。

super point!

紅蓮燈不耐移動

健壯的紅蓮燈在飼養上唯一必須注意的要點是，一但牠適應該水族箱的水質，之後就非常不耐於移動。所以，在進行清洗整個水族箱的換水作業時，最好能多費點心思。

如果想讓紅蓮燈在大型水族箱中群泳，不妨使用大型的皇冠屬水草。

使用品項（水草．流木．石頭等）

1	長艾克
2	水蘭
3	小圓葉
4	流木
5	香香草
6	綠溫蒂椒草
7	中簣藻
8	小竹葉
9	珍珠草
10	針葉皇冠
11	大血心蘭
12	小榕
13	寶塔草
14	水羅蘭
15	大紅葉
16	紅虎斑睡蓮

水族箱資料

水族箱尺寸	1300×455×590（mm）
水溫	24℃
pH	6.8
底床	大磯砂
照明	20W×8
過濾器	外部式（EHEIM 2226、EHEIM 2008）
魚	紅蓮燈約200隻

＊pH以7.0為中性，數值比7.0大就是鹼性，比7.0小則為酸性。

從水族箱正上方看過去的配置

長艾克

此次造景主要使用的長艾克。是大而開展的美麗水草。

從遠處看這個造景水族箱，群泳的綠蓮燈看起來彷彿連成一體，就好像川流的河水一般。

水族箱設計
11
60cm大小

綠蓮燈的水族箱

閃爍著藍色霓虹的燈魚自在悠游

讓藍色絕美的綠蓮燈在清涼的水族箱中群泳。

像這樣充滿清涼感的水族箱，非常適合放在客廳中，在室內擺設上也是極佳的造景之一。

像這次的水族箱一樣使用明亮的水草，避免過多的隱蔽處，設計成廣大空間的造景，顯得非常清爽。還有，放入其中的魚也會改變整體給人的感覺，所以最好儘量挑選給人清爽印象的魚。

因此，這次選擇的是和日光燈關係最親近的魚——綠蓮燈。和日光燈相比，綠蓮燈的紅色部分較淡，藍色線條較長，所以在3種日光燈的同類中，給人最清涼印象的就是綠蓮燈。

因為是非常小型的魚，最好某種程度地整批購入，使其群泳。

super point!

養綠蓮燈時要注意斷糧

綠蓮燈可能會把水草嫩芽等吃掉，所以要確實地餵食，不要讓牠們餓肚子。不過，因為是小型種，一次餵太多的話，剩餘的餌食也會招致青苔的發生。最好儘快掌握其間的平衡。

像此次造景般，在前方及上部做出寬廣的空間，就能充分玩賞綠蓮燈群泳的姿態。只要記住這個重點來做造景就可以了。

從水族箱正上方看過去的配置

使用品項（水草・流木・石頭等）

1	矮珍珠
2	中簀藻
3	流木
4	大珍珠草
5	珍珠草
6	小圓葉
7	大百葉

中簀藻
纖細又美麗的水草，請務必要使用在造景上。應該能成為造景時的絕佳重點。

綠蓮燈
是日光燈同類中最小型的種類，腰部的紅色較淡，藍色較為強烈，給人清爽的印象。因為是小型種，餵食上請多費心思。

水族箱資料

水族箱尺寸	600×360×300（mm）
水溫	24℃
pH	6.8
底床	Cristalino砂
照明	20W×2
過濾器	外部式（EHEIM 1005）
魚	綠蓮燈約150隻

*pH以7.0為中性，數值比7.0大就是鹼性，比7.0小則為酸性。

◆column 2◆

使用微生物的繁殖方法深受注目！

微生物可在池塘中取得。用啤酒酵母培養，用來餵食日光燈的稚魚。

日光燈是超普遍的魚種，雖然大部分都是香港的養殖個體，但其實是繁殖起來相當困難的魚。那是因為孵化的稚魚相當小，連豐年蝦的幼蝦都無法食用。初期飼料必須是纖毛蟲才行。

纖毛蟲是草履蟲等微生物的總稱，雖然想要保存有點困難，但還是為想要繁殖日光燈的人介紹其保存方法。

首先必須有微生物的種，所以請從池塘或水田中取水。以池水2，普通水8的比例，混合成約1公升的水，然後將水裝入準備好的容器中。這就是纖毛蟲的培養器具。

接著要準備微生物的食物。以前是使用萵苣或奶粉，但由於容易腐敗，對外行人來說不易培養。不過，最近發現使用烹飪時所用的啤酒酵母也可以，因此在保存上也變得容易許多。

在培養水中放入約一耳挖杓大小的啤酒酵母。此時要注意的是，如果放太多很容易腐敗。約一個禮拜後，水面上會出現彷彿白雲般飄浮的東西。這就是微生物的凝塊，也就是纖毛蟲。可用滴管等取來餵食稚魚。

因為有了纖毛蟲，難以進行的繁殖也不再是夢想了。不妨多加嘗試。

使用這種纖毛蟲時，當培養器具裡的水開始變清，就表示啤酒酵母已經耗盡，纖毛蟲沒有食物了。這時，只要再加一點啤酒酵母就好了。像這樣持續進行，應該就能保存纖毛蟲了吧！

視纖毛蟲的種類不同，有容易培養和難以培養的種類，不妨使用各個地方的池水來試試看。

PART 2 孔雀魚&日光燈的完全目錄

孔雀魚依身體色彩和尾鰭形狀的組合，
不斷有新的品種誕生，
吸引魚迷們來到這個幸福的世界。
日光燈擁有紅蓮燈和綠蓮燈等近親種，
而建議的混養魚和水草也有多種變化。
在此要一舉為各位進行介紹。

STAGE 1

孔雀魚是這樣的魚

展開的大魚鰭和美麗的色彩充滿了魅力

在熱帶魚的世界中，有句話說「始於孔雀魚，終於孔雀魚」。孔雀魚是人人都知道的熱帶魚界明星魚。然而，正如同這句話一般，牠雖然非常大眾化，卻是越了解牠就越讓人覺得深奧的魚。

在造景水族箱中讓數種孔雀魚悠游雖然顯得豪華，但為了維持系統，最好只混養雄魚。

熱帶魚的代表性存在，是最大眾化又深奧的魚。

大大展開的魚鰭，能吸引任何人的美麗色彩──觀賞魚界的第一美魚，就是孔雀魚。牠是大多數人初次飼養熱帶魚的代表性存在，也是非常深奧的魚。

孔雀魚是由一種名為Poecilia reticulata、棲息在南美的魚改良而成的，在各個國家被許多魚迷們創造出來。現在已經經常可見，主要是在新加坡被大量養殖，也經常大量進口到日本。

此外，在日本國內繁殖．創造出來的日本產孔雀魚，幾乎都是由愛好家所創造出的魚，所以魚的品質很高，非常美麗。而且也會舉辦許多孔雀魚比賽來評定這些日本產孔雀魚，在為數眾多的愛好家互相競爭下，不斷地提高魚的品質。

色彩非常鮮豔，相當受歡迎的外國產孔雀魚。

CHECK! 孔雀魚在「鱂魚類」中的位置

卵生鱂魚

燈眼鱂、
漂亮寶貝等

卵胎生鱂魚

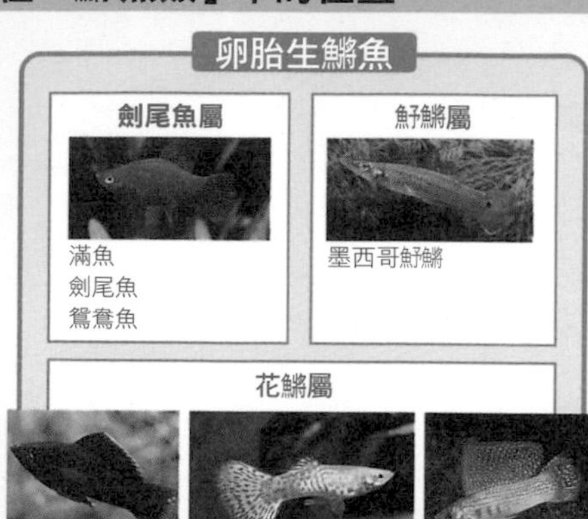

胎生鱂魚

紅尾胎生鱂、
墨西哥黃尾胎生鱂等

＊鱂魚類的繁殖型態大致可分為3種。產卵的稱為卵生；在腹中使卵孵化後產仔（生產）的稱為卵胎生；母魚和體內的仔魚交換氣體後再產仔的則稱為胎生。

體型稍大的卵胎生鱂魚．大帆茉莉。

黑茉莉是有如烏鴉般全黑的魚。

稚魚的培養很容易。輕易就能享受繁殖的樂趣。

孔雀魚是分布在南美大陸北部的卵胎生鱂魚類。所謂的卵胎生，就是在繁殖時並不是產卵，而是產出已經在雌魚腹中孵化的小魚。除了孔雀魚外，淡水魟魚等也是卵胎生的魚。其中以鱂魚類最廣為人知，滿魚和劍尾魚等也都屬於卵胎生鱂魚。

卵胎生鱂魚生產的稚魚比其他卵生魚的稚魚大，所以稚魚的養成比較容易，任何人都能享有繁殖的樂趣。這也是一般認為孔雀魚能輕易繁殖的原因。

滿魚和孔雀魚同為大眾化的卵胎生鱂魚。

紅劍尾是會變性的卵胎生鱂魚。

super check!

簡明

孔雀魚圖解

孔雀魚的雌雄判別非常容易。也可以從魚鰭來判斷，因為包含孔雀魚在內的卵胎生鱂魚類，雄魚的臀鰭都會變成叫做gonopodium的生殖器。

雄魚

眼睛

除了可辨識白子等品種的差異，也可以觀察出魚體狀態的好壞。

腹鰭

除了色彩之外，基本上沒有什麼不同，不過緞帶和燕尾型的會比較長。

腹部

如果是已經抱卵的雌魚個體，多少可以在腹部確認是否有卵。

背鰭

孔雀魚的背鰭形狀和色彩等會依品種而有各種不同的類型。

身體

身體是顯現品種特徵的重點。也是做為品種基礎的最重要的部分。

臀鰭

雄魚的臀鰭是稱為gonopodium的生殖器。緞帶和燕尾型的會比較長。

尾鰭

孔雀魚的重點就在於尾鰭。可以藉此掌握品種類型、色彩等。

雌魚

雌魚的腹部大為膨起，肛門附近也比較黑，因此能夠輕易判別。購入時，最好選擇整體圓潤膨起的健康個體。

孔雀魚 Visual Chart

來看看在孔雀魚品種中最重要的體色和尾鰭類型吧！

在混養缸中飼養孔雀魚是快樂的。但若能擁有一點小知識，孔雀魚的飼養將變得更加愉快。

體色的變化

野生型

為最接近原始的體色，帶有一點灰色。是最普遍性的，因此也被稱為一般型或普通型。

虎紋型

鱗片感覺有如鑲了黑框的金黃色一般。或許是因為色彩均衡的緣故吧，給人非常可愛的印象。

一般的體色是野生型的。其他顏色都是此類型的改良。

商店裡有各種類型的孔雀魚。你曾經仔細觀察過這些孔雀魚嗎？現在讓我們來看看孔雀魚是怎樣的魚吧！

孔雀魚依照體色、包含尾鰭等在內的體型及色彩等的組合，而有各種不同的類型。其中，不是偶然發生的，而是在遺傳上已經某程度固定化的，就稱為品種。

在孔雀魚的品種中，最基本的還是身體的顏色。體色基本上分為野生型、虎紋型、黃化型、白子型、真紅眼白子型這5種類型。最接近野生種、最一般的體色是野生型，絕大多數的品種都是這種類型的。其他的顏色都是從野生型改良出來的。

黃化型

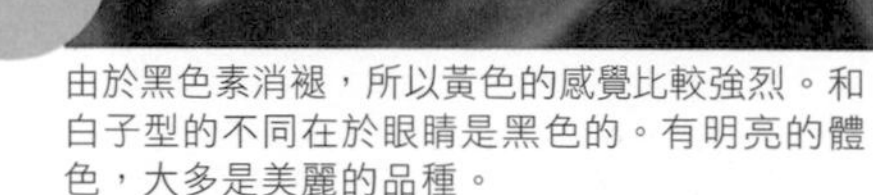

由於黑色素消褪，所以黃色的感覺比較強烈。和白子型的不同在於眼睛是黑色的。有明亮的體色，大多是美麗的品種。

白子型

黑色素完全褪去，呈現具有透明感的體色。眼睛會因看過去的角度而稍呈微紅，因此被稱為葡萄眼。

真紅眼白子型

較近才比較為人所知的白子型。相較於傳統的白子型，因為眼睛是大紅色的，所以用此名稱之。

配合孔雀魚的顏色和花紋來選擇水草也很有趣。

在孔雀魚的品種要素中，重要度次於體色的就是身體的花紋了。花紋方面較有名的有禮服或蛇王等。禮服是身體後方為暗色，看起來就像穿著禮服一樣，因而有此名。

而蛇王則是因為身上的眼狀斑等花紋看起來就像眼鏡蛇一樣，因而有此名。除此之外，較知名的還有白金、金屬、古老品系等等。

關於體色和花紋不需要想得太困難。如果只是要快樂地飼養孔雀魚的話，選擇喜歡的品種即可；然後，稍微了解一下該品種有什麼樣的體色和花紋大概就可以了。如此一來，當你在配置孔雀魚用的水草造景時，就能配合顏色和花紋來選擇水草，也能增添不少樂趣。

尾鰭 的變化

三角尾

這是最正統的孔雀魚尾，特徵是展開成大三角形。已經成長的成魚甚至會因為尾鰭過大而難以游動。

扇尾

近似三角尾，非常豪華的尾鰭。特徵是比起三角尾，末端呈現鼓起狀，展開成扇形。

緞帶

腹鰭和臀鰭明顯伸長為其特徵。也因此雄魚沒有生殖能力，可由擁有緞帶遺傳因子的雌魚繼承下去。

燕尾

各鰭比緞帶更加伸長的類型。和緞帶一樣，大多都是沒有生殖能力的雄魚。系統維持比緞帶更加困難。

孔雀魚的最大特徵及魅力就在於尾鰭。

初次見到孔雀魚的人，首先注目的是牠的哪些地方呢？五彩繽紛的美麗色彩？還是活潑地到處游動的姿態？不，最大的魅力還是在於大大展開的豪華尾巴吧！因為為了做出如此美麗的尾巴，全世界的魚迷們可是經年累月地不斷進行著改良。

這樣的尾鰭絕對不是單純的，而是可以看到各式各樣的類型。最普遍的是稱為三角尾、大大展開成三角形的尾鰭，在店家看到的機會也很多。也可以說大多數的孔雀魚都是這種類型的。

另外還有最近較少看到、被稱為劍尾系的尾鰭的一部分伸長的類型（P.41的4張照片）。即使是不太喜歡改良品種的人，也大

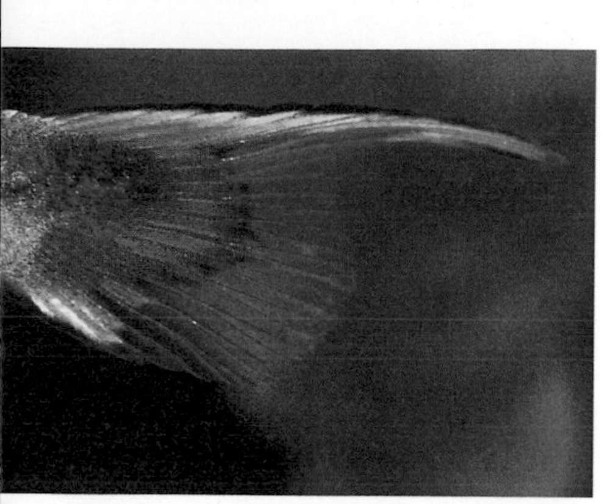

上劍尾（頂劍）

最近較少看見，僅有尾鰭上方伸長的類型。對游動造成的負擔較小，應該會給人游泳力強、健康活潑的印象。

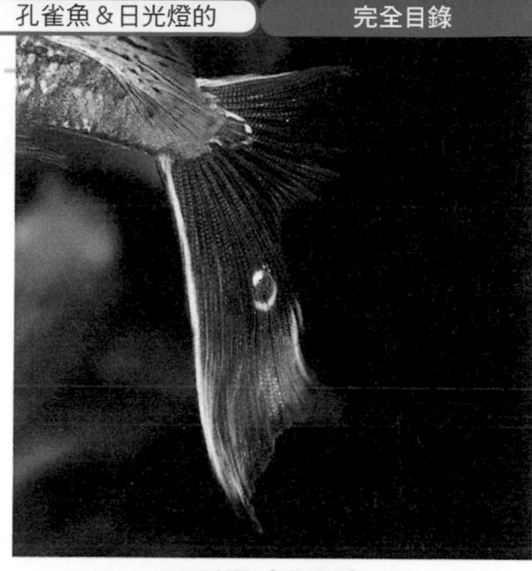

下劍尾（底劍）

相對於左方照片的上劍尾只有尾鰭上方伸長，下劍尾則是尾鰭下方伸長的類型。

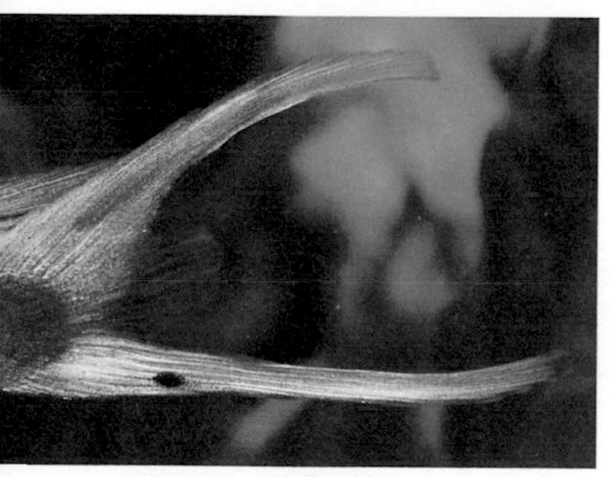

雙劍尾

尾鰭的上下方都伸長的類型。在稱為劍尾系尾鰭的孔雀魚中，本類型大概是最常見的吧！

針尾

只有尾鰭中心部分像針一樣伸長的類型。和三角尾等比較起來，尾鰭並不大，因此會在水族箱中活潑地游來游去。

多都很喜歡劍尾系，因此也可以說是魚迷們喜歡的孔雀魚。

此外，系統維持較困難的緞帶和燕尾等也很受歡迎。這些類型是臀鰭伸長，與眾不同的孔雀魚，雄魚大多沒有生殖能力，在繁殖上必須有高度技術才行。

就像這樣，孔雀魚光是尾鰭的不同就不計其數了，如果將體色等所有部分都加以組合的話，大概會有無限大的變化組合吧！

CHECK!

劍尾系很適合新手

劍尾系的孔雀魚不同於大尾鰭的孔雀魚，游泳能力強，在水族箱中會展現有速度感的泳姿。

此外，在繁殖上不需太費心思也能維持，應該是很適合飼養在水草造景水族箱中的孔雀魚吧！

注意魚鰭的形狀和身體的顏色與花紋！

孔雀魚完全目錄

來看看孔雀魚的代表性品種吧！孔雀魚的品種數目非常多，最好先從健健康康地飼養自己喜歡的品種開始。

外國產孔雀魚

Poecilia reticulata var.

魅力就在於日本產孔雀魚所沒有的鮮豔色彩。

分佈	改良品種	全長	5cm
水溫	20～25℃	水質	中性～弱鹼性
飼養難易度	容易	普通	稍難	困難

在店家販售的孔雀魚中，是最受歡迎的孔雀魚。因為有強烈的發色而擁有高人氣。或許也是大多數人初次飼養的熱帶魚之一吧！

主要在新加坡大量養殖，為經常性進口。或許是因為有些養殖是以鹽分比較高的水進行的，所以剛進口的魚有較為衰弱的一面，不過一旦習慣日本的水質就沒有問題了。

近來的進口狀況非常好，繁殖也很容易，只要條件適合就能夠一直繁殖下去。不過，若不加節制地讓其繁殖，不僅體型會變小，美麗也會衰減，最好加以注意。

象牙馬賽克

較新出現的品種，擁有依觀賞角度而看似藍色或紫色的美麗色彩。是非常有魅力的孔雀魚。

紅馬賽克

是最大眾化的孔雀魚，正如其名，紅色的馬賽克花紋非常美麗。由於已經做出許多品種，因此一定可以找到喜愛的個體。

蛇王

由於身上的眼狀花紋讓人聯想到以劇毒聞名的眼鏡蛇，因而得此名的大眾化品種。看起來濃艷鮮明的色彩是本品種的最大魅力。極為濃烈的黃色和綠色非常美麗。

黃金蛇王

這是將蛇王的黃化型固定下來的品種。雖然發色的強度較為衰退，不過仍然保有獨特的花紋。喜歡淡淡色彩的人應該會喜歡吧！

佛朗明哥

因為有像紅鸛（Flamingo）般的色彩，所以外國產的黃金紅尾孔雀魚從以前起就叫做這個名稱。是非常大眾化的品種，經常能在店家看到。

霓虹禮服

因為閃爍著深金屬藍的顏色而有此名，是禮服孔雀魚的一種。色彩會依光線的照射角度而變化，在水族箱中游動的姿態讓人百看不厭。

紅尾禮服

這是色彩深濃的孔雀魚，相當鮮豔。所謂的禮服孔雀魚是因為身體有一半都是深濃的色彩，看起來好像穿著禮服一樣，而有此名。

綠霓虹

這是尾鰭閃爍著藍綠色光輝的品種。由於外國產孔雀魚的養殖是在鹽分較濃的水中進行的，所以剛進口時可能有衰弱的情形，不過一旦習慣日本的水質，基本上是強健好養的。

黑禮服

非常別緻的孔雀魚，身體有一半都是黑色的。過去外國產孔雀魚曾經流行過稱為孔雀魚愛滋的疾病，而成為難以飼養的熱帶魚，不過在孔雀魚愛好家的努力下，情況已經好轉了。

網紋禮服

即使在為數眾多的禮服孔雀魚中，也是色彩特別豐富的孔雀魚，非常豪華。讓牠在造景水族箱中游動，不但具有存在感，也非常美麗。是值得推薦的孔雀魚。

日本產孔雀魚

Poecilia reticulata var.

適合喜歡纖細的日本人，是高品質的魚。

分佈	改良品種	全長	5cm
水溫	20~25℃	水質	中性~弱鹼性

飼養難易度	容易	普通	稍難	困難

相對於外國產的孔雀魚，日本國內繁殖·創造出的孔雀魚則如此稱呼。由於並沒有明確規定從第幾代開始才歸類為日本產孔雀魚，不妨把牠想成是由日本國內愛好家所繁殖出的孔雀魚。

因為幾乎都是由這些愛好家為主所創造出的孔雀魚，所以魚的品質很高，且非常漂亮。基本的飼養和繁殖等都和外國產的孔雀魚相同，但因為是以日本的水質生育的，所以強健而容易飼養。不妨先購入喜歡的品種，健康地飼養，以了解該品種的特徵吧！待完成這個階段後，再往下一個階段前進即可。

就算只是單純飼養美麗的孔雀魚，也是樂事一件；不過孔雀魚的真正樂趣還是在於品種改良。只有身為創造者，才能親身了解創造出個人專屬孔雀魚的樂趣。請務必要飼育看看專屬於自己的孔雀魚，相信一定能讓你獲得滿足感。

馬賽克品系

紅馬賽克

這是紅色的馬賽克花紋非常美麗的品種。擁有大尾鰭的紅馬賽克，群泳的樣子非常豪華。是從以前起就廣為人知的品種，在日本產的孔雀魚中，也是大眾化的孔雀魚之一。

紅馬賽克緞帶

紅馬賽克的緞帶型。乍看之下和紅馬賽克似乎沒有不同，不過請注意看牠的腹鰭和臀鰭。

真紅眼白子紅馬賽克

顏色非常淡，給人纖細印象的孔雀魚。繁殖可以說是有點困難。請務必讓牠複數群泳。

藍馬賽克

以淡色為特徵的馬賽克孔雀魚。藍草尾非常受歡迎，而藍馬賽克卻是不那麼常見的品種。

拉朱利馬賽克

這是和近來為人所知的紅馬賽克頗為相似的品種，身體的發色非常漂亮。在造景水族箱中應該也很顯眼吧！

紫羅蘭馬賽克

閃爍著紫色光輝，美麗的色彩非常吸引人的孔雀魚。金屬般的紫色，讓牠們群泳起來大概會更美麗吧！

豹紋品系

德系豹紋

因為黃色尾鰭有點狀花紋而以豹紋之名為人們熟知的孔雀魚。是非常可愛的品種。

草尾品系

紅草尾

特徵是尾鰭的花紋比紅馬賽克細緻，因此纖細的色彩是正是牠的魅力。繁殖上要維持色彩稍有困難，必須甄選良好的個體來做繁殖。

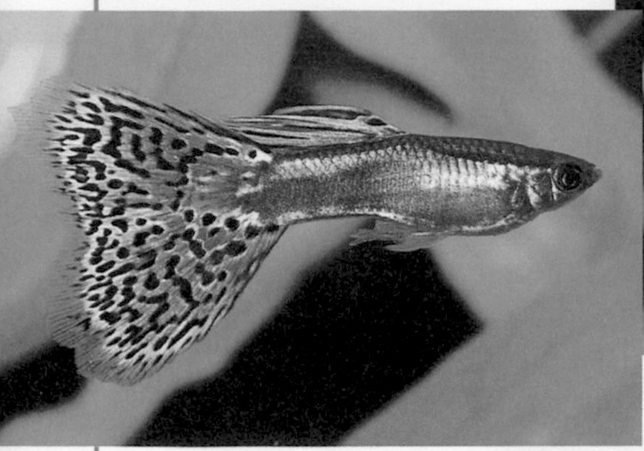

藍草尾

在為數眾多的孔雀魚中非常受到歡迎，是尾鰭花紋比馬賽克孔雀魚還要細緻的藍色系草尾孔雀魚。淡淡的藍色非常美麗，可以讓水族箱內的氣氛變得清涼爽快。

藍草尾緞帶

藍草尾的緞帶型，是輪廓非常美麗的孔雀魚。請務必將牠飼養在造景水族箱中。緞帶型的孔雀魚在系統維持上比較困難，適合上級者。

藍草尾燕尾

藍草尾的燕尾型。燕尾型的孔雀魚在系統維持上非常困難，甚至即使是相當的上級者也很難成功。

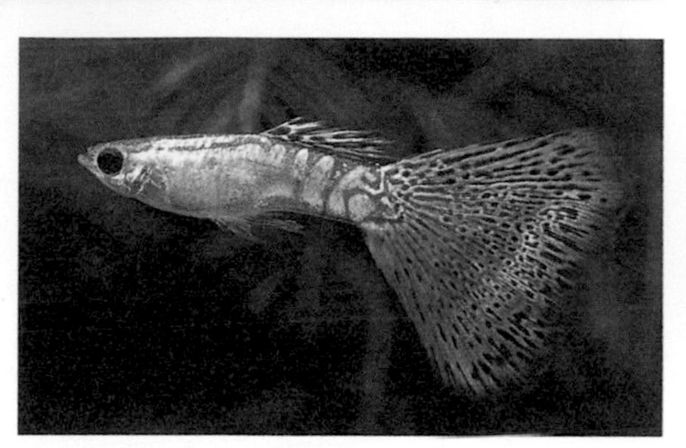

玻璃草尾

色彩非常淡，給人纖細印象的草尾孔雀魚。乍看之下顯得脆弱，不過飼養上和其他孔雀魚一樣，都能毫無問題地順利飼養。一定要讓牠們複數群泳哦！

銀河藍草尾

這是有Galaxy之稱，擁有鮮豔體色的草尾品種。因為是草尾品種，所以在此加以介紹。

虎紋日本藍草尾

⬅具有透明感的體色非常美麗，虎紋花紋也很鮮明的孔雀魚。虎紋型的孔雀魚是很可愛的品種，非常受人喜愛。

真紅眼日本藍草尾

真紅眼白子孔雀魚的視力大多比其他孔雀魚還差，請小心飼養。尤其對振動等更要加以注意。

禮服品系

德系黃尾禮服

德系黃尾禮服是誇稱在所有孔雀魚中人氣遙遙領先的品種。非常美麗的白色魚鰭，在水族箱中應該會變成極為顯眼的存在吧！以前曾經是體質稍微虛弱的魚，但現在已經改良得容易飼養了。

真紅眼白子德系黃尾禮服

德系黃尾禮服的真紅眼白子型。纖細且非常美麗，是比較昂貴的孔雀魚。

黃金紅尾禮服

從以前就為人所熟知的品種，在商店中應該也很常看到。是色彩豐富、非常美麗的孔雀魚。

黃金紅尾禮服緞帶

黃金紅尾禮服的緞帶型。是色彩豐富的美麗孔雀魚，再加上是緞帶型，看起來非常華麗。

以色列產禮服

這是將從以色列進口、擁有獨特色彩的禮服孔雀魚在日本進行國產化的孔雀魚。是今後頗讓人期待的品種。

真紅眼白子日本藍霓虹禮服

雖然是非常美麗的孔雀魚，不過在系統維持上極為困難。由於做出的難度極高，因此在商店中是昂貴的孔雀魚。

單色品系

紅尾禮服白子

這是白子品種中最大眾化的孔雀魚之一。因為是白子品種，所以體色呈透明般的淡淡色彩，不過尾鰭卻有美麗的發色。

單色黃金紅尾

這是稱為Solid的單色系孔雀魚的黃化型。說到單色系，往往給人缺乏色彩的感覺，其實牠們的整個尾鰭全是同一種顏色，是非常鮮豔華麗的。

單色日本藍黃尾緞帶

以淡色和大魚鰭為特徵的美麗孔雀魚。緞帶型的孔雀魚因為雄魚的生殖器伸長而沒有生殖能力，所以會和帶有緞帶基因的一般型雄魚以3隻一組的方式來販賣。

單色雙劍

擁有單色體色的雙劍尾孔雀魚。是非常可愛的品種，會在水族箱中活潑地游來游去，讓人百看不厭。

蛇王品系

蛇王

從以前起就為人熟知的品種，即使是現在，其人氣依舊不衰。非常濃烈的黃色和藍綠色深深吸引著觀賞者。僅飼養本種的愛好家也很多。

琴尾蕾絲蛇王

細緻的花紋非常美麗，而且還擁有琴尾的優雅孔雀魚。和其他的蛇王孔雀魚比較起來，纖細的印象較為強烈，非常受到歡迎。

真紅眼白子草尾蛇王

草尾蛇王的真紅眼白子型。雖然是白子品種，但仍保有獨特的眼鏡蛇花紋。推薦給喜歡淡色彩的人。

藍蛇王

本品種是藍色系的蛇王孔雀魚，也兼具了清爽感。可以同時欣賞到身體的金屬感及美麗的藍色。左為雌魚，右為雄魚。

古老品系

古老品系扇尾

這是擁有稱為 Fan Tail、大大展開成扇狀尾鰭的孔雀魚。大大的尾鰭色彩非常豐富，十分美麗。

真紅眼白子古老品系扇尾

古老品系扇尾的真紅眼白子型。難以言喻的淡淡色彩非常美麗。不過，系統維持頗為困難，適合上級者。

白金品系

白金藍馬賽克

閃耀光輝的體色真的非常美麗，被稱為Platinum的孔雀魚。尤其是背部的發色更是漂亮。飼養起來並不困難。

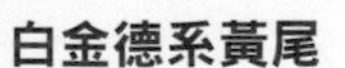

白金德系黃尾

德系黃尾的白色加上金屬般的發色，看起來非常美麗。做出整體微暗的造景，在水族箱中會更加顯眼。

真紅眼白子白金日本藍草尾

想要維持系統或是創造出如此美麗的孔雀魚時，對於孔雀魚的遺傳可必須要好好地研究了。

金屬品系

藍粉紅金屬

粉紅孔雀魚獨特的可愛體型和深金屬色的對比深具魅力。粉紅孔雀魚很適合做為小型水族箱的主角。

金屬藍草尾

上半身會發出金屬光澤的品種稱為Metal。淡色的尾鰭和金屬般的身體對比非常美麗，是充滿魅力的孔雀魚。

其他

莫斯科藍

較近才比較有知名度的孔雀魚。乍看之下是黑色的，但仔細觀察，會為其深藍紫色般的獨特色彩感到驚訝。是相當有存在感的孔雀魚。

安德拉斯扇尾

色彩非常豐富，擁有大大展開的尾鰭的孔雀魚。身體繼承了野生的安德拉斯雙劍（Endler's Livebearer）的色彩。

維也納綠寶石雙劍

這是劍尾系孔雀魚的代表種，因為是在奧地利的維也納所創造出的，而有此名。是會發出綠寶石光輝的美麗孔雀魚。

STAGE 2

日光燈是這樣的魚

一定要藉群泳來享受造景水族箱之趣的基本魚種

無人不知的、和孔雀魚並稱為熱帶魚明星的日光燈。雖然是在店頭經常可見的普及魚種，卻是繁殖困難、相當深奧的魚。請你也一起來體會日光燈的魅力！

在水草造景水族箱中群泳的日光燈，唯有絕美一詞可以形容。希望你也能享受飼養日光燈的樂趣。

唯有群泳才能呈現日光燈原本的魅力。

美麗的日光燈在水草造景水族箱中群泳的樣子，除了美麗之外，還兼具懾服觀賞者的動人力量。那是單體魚隻絕對無法呈現的魅力。對於擁有群泳習性的魚兒，就是要讓牠們群泳才能呈現出原本的魅力。

飼養日光燈時，單體飼養會使其魅力減半。牠屬於最好能以10隻為單位來享受群泳樂趣的魚。

雖然往往因為過度大眾化而造成人們的忽視，不過希望大家能捨棄無謂的認知，再次仔細地觀賞牠。相信你能再度確認牠的美麗是出類拔萃的。若要說到為什麼牠總是那麼大眾化？正是因為牠的魅力一直受到人們支持的關係。

CHECK! 日光燈在「脂鯉科」中的位置

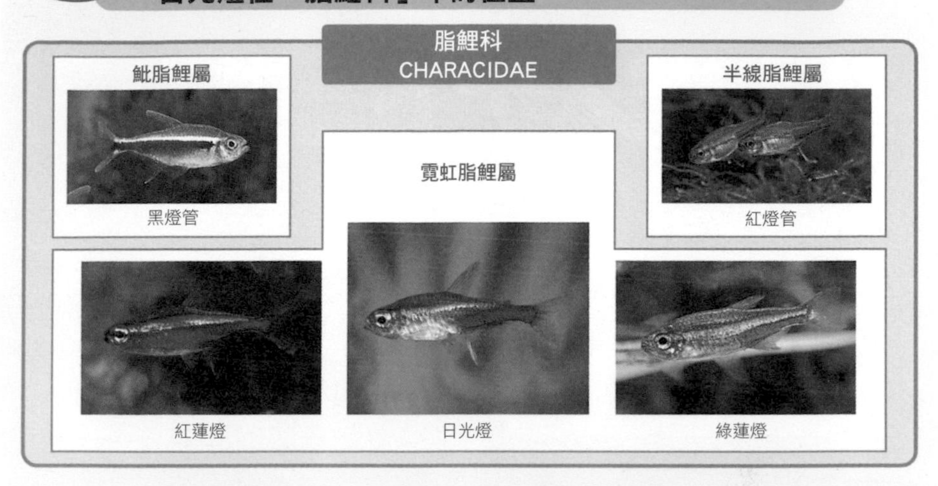

這種光澤是人類無法模擬的，不禁讓人為大自然美妙的設計感到驚訝。

日光燈從以前起就為人們所熟知。因為大量養殖，也有許多改良的品種出現。

日光燈的特徵就在於牠身上最均衡的色彩。

日光燈屬於脂鯉科、霓虹脂鯉屬，是棲息在南美巴西的蘇里摩希河支流的小型燈魚。在霓虹脂鯉屬中，其他較為人知的還有紅蓮燈和綠蓮燈。這3種燈魚的特徵就在於牠們身上美麗的霓虹藍和霓虹紅的色帶。

至於這3種的特色和差異，紅色感覺最強烈的是紅色帶最多的紅蓮燈，藍色感覺最強烈的是藍色帶較長的綠蓮燈，而居於其中的日光燈可說是擁有最均衡的色彩。

店家販售的日光燈百分之九十九都是在香港養殖的繁殖個體。日光燈的稚魚非常小，初期飼料必須使用纖毛蟲。因為香港經常能夠採集到纖毛蟲，因此才能進行養殖。在進口到日本的現地採集熱帶魚絕大多數都被消費掉的情況中，這是一件非常好的事情。

super check!

日光燈 簡明 圖解

眼睛、鰭、色帶等等，來檢視一下日光燈是什麼樣的魚吧！記住具有特徵的重點，在購買或是進行品種判別時都會有幫助哦！

日光燈

眼睛

體側的藍色帶甚至到達了眼睛的上緣部。仔細看，其他的邊緣部分也都有藍色的發色。

藍色帶

位於體側特色十足的藍色帶，長度從眼睛的上緣部到達脂鰭附近。

腹鰭

基本上是沒有顏色的，所以很容易被忽視掉。也要注意是否有畸形的情形。

綠蓮燈

在 3 種之中是最小型的，藍色的感覺比日光燈還強烈。

色帶

藍色帶比日光燈長，到達尾筒部。紅色帶也很長，但是顏色較淡。

脂鰭

可見於脂鯉同類或鯰科同類的獨特魚鰭，位於背鰭之後。

紅色帶

紅色的霓虹色帶從腹鰭後方附近到達尾鰭的根部。

臀鰭

雖然多少會有些個體差異，但當狀態良好時，臀鰭會出現藍白色的鑲邊。

尾鰭

腹部的紅色帶延長，使尾筒附近也呈現稍微帶有紅色的程度。

紅蓮燈

腹部的紅色帶面積比日光燈大且鮮豔。

色帶

紅色帶會從鰓蓋附近直達尾筒部，所以紅色面積較大，給人最紅的印象。

日光燈
&
其伙伴們

注意看身體的色帶和腹部的紅色！

完全目錄

在此介紹的是日光燈和牠的改良品種，還有牠的近親種 Paracheirodon（霓虹脂鯉屬）的魚。相信一定可以找到你喜歡的魚。

日光燈

日光燈

Paracheirodon innesi

觀賞魚界的第一美魚。無法撼動的明星。

分佈	亞馬遜河（南美）	全長	3cm
水溫	25～27℃	水質	弱酸性～中性
飼養難易度	容易	普通	稍難	困難

從以前起就在水族界中廣為人知，是最大眾化的熱帶魚之一。和水草造景非常搭配，尤其是群泳的姿態更是絕品。其特徵表現的霓虹藍帶和霓虹紅帶，藍色和紅色兩方都非常均衡地展現。體型大小在霓虹脂鯉屬中為中型，大約3公分左右。此外，在霓虹脂鯉屬中的體型算是比較圓，但最近的繁殖個體似乎又變得更圓了。

從以前就有香港養殖的繁殖個體進口，對水質的適應力高，是容易飼養的魚。雖然是不挑食的強壯魚種，但是講到繁殖就又另當別論了。

為什麼呢？因為牠孵化的稚魚非常小，無法吃豐年蝦，必須準備纖毛蟲做為初期飼料才行。就算產卵了，稚魚的育成也相當困難。還是先從快樂地飼養開始，再逐漸向繁殖挑戰，朝上級者的目標前進吧！

鑽石
日光燈

黃金
日光燈

紅黃金日光燈

鑽石日光燈

Paracheirodon innesi var.

最美麗的改良品種之一。

分佈	改良品種	全長	3cm	
水溫	25~27℃	水質	弱酸性~中性	
飼養難易度	容易	普通	稍難	困難

東南亞做出的日光燈的改良品種之一，是呈現極美色彩的魅力品種。霓虹藍色帶雖然比較淡，不過霓虹紅卻有非常強烈的發色；其他部分則會發出白金光輝。

本種可以說是改良品種中相當成功的例子，因為在改良品種中，有不少都會抹殺掉原本品種的優點。

以前的價格稍高，不過現在已經平穩下來了，比較容易購買。目前已有大量進口，是大眾化的品種。

在飼養方面，和日光燈一樣不會有問題，是推薦給新手的魚。

黃金日光燈

Paracheirodon innesi var.

非常淡的色彩極具吸引力。必須注意畸形的個體。

分佈	改良品種	全長	3cm	
水溫	25~27℃	水質	弱酸性~中性	
飼養難易度	容易	普通	稍難	困難

這是將日光燈的白變種固定下來的改良品種，是在具有透明感的乳白色體色上僅有淡淡的藍色帶的清涼魚種。

飼養在使用深色水草的造景中，會讓本品種變得相當顯眼，構成美觀的水族箱。

在進口個體中比較常見體型崩壞的個體，購入時最好稍微注意。尤其是嘴巴部分，因為常見畸形的個體，請特別注意。

只要注意畸形的個體，其他都和日光燈一樣，飼養容易，價格也平易近人。是推薦給新手的品種。

紅黃金日光燈

Paracheirodon innesi var.

雖然屬於黃金型，卻保留了紅色的感覺。

分佈	改良品種	全長	3cm	
水溫	25~27℃	水質	弱酸性~中性	
飼養難易度	容易	普通	稍難	困難

本種也是日光燈的改良品種之一，是和前面的黃金日光燈非常相似的品種。

不過，因為沒有失去原種擁有的紅色，所以比黃金日光燈鮮艷美麗，非常受歡迎。和日光燈與其他的改良品種一樣容易飼養，可利用混養缸充分玩賞。

和鑽石日光燈等改良品種比較，雖然價格稍高，不過魅力也在其上。讓日光燈群泳的時候，不妨加入少量的本種看看，應該也會非常有趣。

紅蓮燈

Paracheirodon axelrodi

最美麗的熱帶魚之一。可以玩賞其絕品的體色。

分佈	內格羅河（南美）	全長	4㎝
水溫	25～27℃	水質	中性～弱鹼性

飼養難易度	容易	普通	稍難	困難

腹部的紅色帶比日光燈大，所以更加鮮豔，即使在眾多燈魚中，一樣擁有出眾的美。在同類魚中屬於大型，可以長到4公分左右，成長後體高就會顯現。基本上，因為絕大部分都是現地採集個體，所以只要注意進口狀態，飼養上就算是容易的。如果想讓紅色的感覺更強烈，可以準備弱酸性的軟水。平常的飼養幾乎不會有問題，不過一旦適應了水族箱，就有不耐移動的一面。

綠蓮燈

Paracheirodon simulanus

淡淡的色彩非常可愛的小型燈魚。

分佈	內格羅河（南美）	全長	2.5㎝
水溫	25～27℃	水質	酸性～中性
飼養難易度	容易	普通	稍難	困難

紅色部分比日光燈還淡，藍色感覺則顯得更強烈，因而得此名。另外，藍色帶也比日光燈要長。在這些魚中是最小型的，大約只有2.5公分。考慮到牠是小型種而且草食性強的情況，一定要給予足夠的餌料，以解決這兩個問題。

還有其他被稱為○○燈管的魚。

雖然不屬於日光燈、紅蓮燈、綠蓮燈這3種所屬的霓虹脂鯉屬，但還是有被稱為燈管的魚。那就是黑燈管和紅燈管。這2種也是從以前起就為人所熟知的熱帶魚，許多東南亞養殖的個體都有大量進口到日本。

紅燈管
特徵是具有獨特透明感的螢光橘色帶，是新手也能毫無問題地加以飼養的入門種。稍微有啃咬其他魚魚鰭的壞習慣。

黑燈管
有一條銀白色帶，色帶下面的部分染成黑色。重點在於眼睛上緣呈紅色。會成長到4公分左右。

STAGE 3

推薦的混養魚是這些

請選擇不會損害漂亮魚鰭的「溫和魚兒」

商家販賣的熱帶魚，大多棲息在不同的區域。要將這些魚飼養在一起，當然會有勉強的情況發生。請至少要以最佳組合來飼養，以免對飼養的魚兒造成壓力。

如果飼養孔雀魚，其他的魚就要選擇不會咬鰭的魚。不管多麼想要，神仙魚等還是避免為佳。

混養的要點是均衡。請考慮最佳的組合。

在圖鑑上或商店裡看到各種不同的魚，大概都會有「想養這種魚、想買那種魚」的衝動吧！在一個水族箱中飼養各種不同生態的魚、五彩繽紛的魚，比起飼養單一種類的魚，的確會成為更加華麗又有趣的水族箱。不過，這裡有個陷阱。

就像我們都知道孔雀魚或日光燈不可以和食人魚一起飼養一般，對熱帶魚來說，有很多魚是不適合一起飼養的。不管是結群游泳的魚，還是單獨行動的魚，都必須充分研究想要飼養的魚的生態，以正確選擇混養的魚。最好能考慮最佳組合，以免日後後悔。

CHECK!

挑選混養魚的 3 要點

1 選擇不會對孔雀魚或日光燈造成危害的魚
2 選擇飼養水質等條件相同的魚
3 如果想要繁殖，就要選擇不會吃掉稚魚的魚

超小型的小丑燈也是可以推薦的混養魚。反而要注意別讓小丑燈受到攻擊了。

選擇溫和且不會傷害其他魚兒的卵胎生鱂魚同類。

在卵胎生鱂魚的同類中，建議選擇滿魚或茉莉等。因為牠們都非常溫和，不會對其他魚兒帶來危害，大多可以混養。藍眼燈等小型卵生鱂魚同類也很溫和，是適合混養的熱帶魚。

在脂鯉科的同類中，適合混養的是小型的燈魚，不過其中也有性格暴躁的魚種，請注意。在鯉科同類中，波魚或斑馬魚等小型同類性格溫和，也很適合混養。

小型無鬚鯰中也有很多適合混養的魅力魚種。但其中也有個性稍微強悍的品種，購買時最好向店家詢問。

在慈鯛科同類中，短鯛或荷蘭鳳凰等都可以混養。至於不太建議的攀鱸科同類中，小型的麗麗魚等還是可以混養。鯰科同類中，鼠魚或小精靈等都是混養上不可欠缺的存在，大部分的商家也應該都會大力推薦吧！

大型魚的幼魚再怎麼可愛也不可以混養。

飼養的魚可能會逐漸被吃掉喔！

像藍剛果燈般性格暴躁的魚也要注意。

CASE 1 和孔雀魚的混養

對魚來說，魚鰭等會輕輕拍動的東西就像是食物一樣，所以孔雀魚最好單一品種飼養；但個性溫和的魚也可以混養。

不會對孔雀魚造成危害，是混養的絕對條件。

鯉科的小波魚屬同類等，個性溫和的魚最適合了。

我想各位已經了解混養的整體輪廓了，所以我們就試著以孔雀魚為主角來思考混養的問題吧！

先從不會啃咬孔雀魚最大魅力的大尾鰭的魚開始選擇吧！之後再來選擇用弱鹼性到中性的水質就可以飼養得很好的魚，這樣的做法是最好的。

符合這些條件的魚，像是鯉科的小波魚屬同類等性格溫和的魚，大概是最適合的吧！而在鯰科同類中，最推薦的還是小精靈和鼠魚。

右表僅做為參考，並不是全部。也可以說有些品種的野生個體和養殖個體是完全不同的，所以只是做為大致的標準而已。基本上，向店家諮詢後再購入才是最好的方法。只是，諮詢也是需要預備知識的，還是先學好基礎事項吧！

適合混養的魚

1 奈娜燈
2 藍帶斑馬
3 小型卵胎生鱂魚
4 鼠魚
5 小精靈
6 電光美人
7 紅水晶蝦

不適合混養的魚

1 藍剛果燈
2 神仙魚
3 八字娃娃
4 金娃娃
5 墨西哥鮃鱂
6 食人魚等所有的肉食魚

荷蘭鳳凰等地盤意識強烈的魚最好避免。

和日光燈的混養

混養水族箱中如果只飼養日光燈，那麼只要是溫和的魚，應該都能毫無問題地混養。

適合混養的魚

1 琥珀燈
2 小型紅鉛筆
3 玻璃燕子
4 一線小丑燈
5 小型卵胎生鱂魚
6 小扣扣
7 鼠魚
8 小精靈
9 大和沼蝦

不適合混養的魚

1 黃日光燈
2 納瑞尼彩虹鯽
3 巧克力娃娃
4 食人魚等所有的肉食魚

枯葉魚等食魚性的魚，絕對不可以混養。

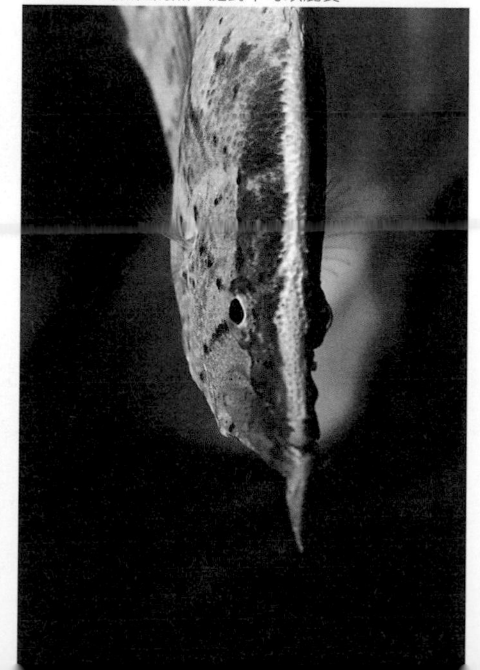

最好選擇不會攻擊日光燈的魚一起混養。

鼠魚或小精靈，還有小型蝦等最適合。

因為是性格溫和的魚，所以只要是不會攻擊日光燈的魚都可以混養。但就我個人的意見來看，與其做複數種的群泳，還不如單獨一種但是數量眾多的群泳比較美麗，所以還是不要放入太多相似的燈魚會比較好吧！可以的話，還是讓日光燈單獨一種群泳，然後再加入少許其他喜愛的熱帶魚。

建議的魚種，還是以鼠魚或小精靈、小型蝦等為最適合的混養同伴。此外，像是游泳區域不同的石斧魚等，因為都游在水族箱上部的水面附近，而且不會獵食，若是一起混養的話，在視覺方面應該也會變得不錯吧！

反之，不適合混養的有：雖然是小型種卻會攻擊日光燈的黃日光燈或巧克力娃娃等，這些魚都是必須避免的。

和孔雀魚與日光燈超級速配的魚兒們

混養魚 完全目錄

正如前面所說的，並不是什麼魚都可以一起飼養。請選擇和飼養魚最速配的混養魚，完成不會失敗的水族箱。

琥珀燈

Hyphessobrycon amandae

適合混養的溫和燈魚。

分佈	秘魯、亞馬遜河	全長	2cm
水溫	25～27℃	水質	弱酸性～中性

飼養難易度	容易	**普通**	稍難	困難

有美麗的橘色、個性溫和的小型燈魚。飼養本身是容易的，不過嘴巴很小，所以餵餌時必須多費心思，可餵食豐年蝦幼蝦。

小型紅鉛筆

Nannostomus marginatus

可愛的水族箱吉祥物。

分佈	亞馬遜河	全長	3cm
水溫	25～27℃	水質	弱酸性～中性

飼養難易度	**容易**	普通	稍難	困難

約3公分的小型鉛筆魚，是色彩豐富的美魚。會勤於吃掉水族箱內的青苔。最好飼養在水草多的水族箱中。

安東尼燈

Lepidarchus adonis

受歡迎的非洲產小型脂鯉。

分佈	西非	全長	2cm
水溫	25～27℃	水質	弱酸性

飼養難易度	容易	普通	**稍難**	困難

纖細之美是牠的魅力，非常小型的溫和脂鯉。雖然是透明感強烈的魚，不過只要狀態提升，就會逐漸帶有褐色。

一線小丑燈

Boraras brigittae

全身的紅色非常美麗，小型美魚的代表種。

分佈	婆羅洲	全長	2cm
水溫	25～27℃	水質	弱酸性
飼養難易度	容易	普通	稍難	困難

鯉科的代表美魚，非常小型且性格溫和，不會攻擊其他的魚。全身呈現濃烈的紅色，是讓水族箱內顯得華麗的熱帶魚。

藍色霓虹燈

Microrasbora kubotai

名為藍色霓虹的秘密在於背部。

分佈	泰國	全長	3cm
水溫	25～27℃	水質	弱酸性
飼養難易度	容易	普通	稍難	困難

乍看可能看不出來，不過藉由光照的角度，可以看到背部有藍色的發色，是非常美麗的小波魚，也很適合混養。

奈娜燈

Microrasbora nana

狀態好，體色就會漸漸帶有褐色。

分佈	緬甸	全長	3cm
水溫	25～27℃	水質	中性～弱鹼性
飼養難易度	容易	普通	稍難	困難

特徵是背鰭上的黑點。飼養上似乎適合弱鹼性至中性的新鮮水。應該也適合和孔雀魚混養吧！

藍帶斑馬

Danio erythromicron

性格溫和，最好選擇花紋整齊的個體。

分佈	緬甸	全長	3cm
水溫	25～27℃	水質	中性
飼養難易度	容易	普通	稍難	困難

以前沒有進口的夢幻魚，不過最近似乎都是以整批的數量進口。個性非常溫和，幾乎到膽小的地步。

棋盤鼠

Botia sidthimunki

適合混養，非常受歡迎的沙鰍。

分佈	泰國	全長	4cm
水溫	25～27℃	水質	弱酸性～中性
飼養難易度	容易	普通	稍難	困難

非常受歡迎的可愛沙鰍，約4公分左右，是最小型的。本種因為體型小又溫和，很適合和其他小型魚混養。

紅太陽

Xiphophorus maculatus var.

性格溫和且會活潑游動，適合混養。

分佈	墨西哥	全長	5cm
水溫	26~27℃	水質	中性~弱鹼性
飼養難易度	容易	普通	稍難	困難

和孔雀魚同為最大眾化的卵胎生鱂魚。性格溫和，會活潑地游動，是適合混養水族箱的魚。不挑餌食且價格便宜，非常推薦給水族新手。是長年為人們所親近的入門熱帶魚。

紅劍

Xiphophorus helleri var.

雖然大眾化卻有深奧的生態。

分佈	墨西哥	全長	8cm
水溫	25~27℃	水質	中性~弱鹼性
飼養難易度	容易	普通	稍難	困難

雄魚的尾鰭伸長如劍一般，因而有此名。從以前起就是非常受歡迎的熱帶魚。是飼養、繁殖都容易的入門種，也是雄魚會轉變成雌魚、雌魚會轉變成雄魚，生態富饒趣味的熱帶魚。

琴尾黑茉莉

Poecilia sphenops var.

全黑的色彩在水族箱中非常顯眼的魚。

分佈	改良品種	全長	8cm
水溫	25~27℃	水質	中性~弱鹼性
飼養難易度	容易	普通	稍難	困難

黑茉莉的改良品種，是將尾鰭改良成琴尾的品種。飼養、繁殖都很容易。由於價格上也沒有太大的差異，所以魚鰭美麗的本品種較受歡迎，比標準型更加大眾化。

藍眼燈

Aplocheilichthys normani

讓牠們群泳，美麗倍增。

分佈	西非	全長	3cm
水溫	25~27℃	水質	中性~弱鹼性
飼養難易度	容易	普通	稍難	困難

正如其名，眼睛上方閃爍著藍色光輝，群泳起來非常美麗的人氣熱帶魚。飼養容易，性格也溫和，很適合以水草為中心的混養水族箱。若有堅定的決心，繁殖也是可能的。

咖啡鼠

Corydoras aeneus

最普及也最深奧的鼠魚。

分佈	委內瑞拉、玻利維亞	全長	6cm
水溫	25~27℃	水質	中性

飼養難易度	**容易**	普通	稍難	困難

是最普及的鼠魚，又被稱為紅鼠魚，從以前起就受人喜愛。在東南亞大量養殖的個體以低價販售。體質強健，飼養和繁殖都很容易。偶爾也會有各種不同類型的野生個體輸入。

國王豹鼠

Corydoras caudimaculatus

可愛的體型讓牠經常擁有高人氣。

分佈	巴西、瓜波雷河	全長	5cm
水溫	24~27℃	水質	弱酸性~中性

飼養難易度	**容易**	普通	稍難	困難

喜歡鼠魚的人就不用說了，牠也是極受一般人喜愛的鼠魚。圓滾滾的體型和尾筒部的大斑點非常可愛。只要進口狀態良好，就會是健康的魚，因此只要正常飼養，就能毫無問題地享受飼養樂趣。

娃娃鼠

Corydoras habrosus

以Cochui之名為人熟知的小型鼠魚。

分佈	委內瑞拉	全長	3cm
水溫	24~27℃	水質	弱酸性~中性

飼養難易度	容易	**普通**	稍難	困難

被稱為侏儒鼠魚的一種，與月光鼠及精靈鼠並稱為小型種。和其他2種相較之下，有著最像鼠魚的體型。最好是在以飼養小型魚為主的水族箱裡飼養，這樣飼養起來就會很容易。

月光鼠

Corydoras hastatus

適合和小型、性格溫和的魚混養。

分佈	巴西	全長	3cm
水溫	24~27℃	水質	弱酸性~中性

飼養難易度	容易	**普通**	稍難	困難

乍看之下不太像鼠魚，是最小型的鼠魚之一。行動方面，游泳性強，飼養數隻時就會在水族箱中層附近群泳。搶食時大多會搶輸，最好和小型溫合的魚混養。

小精靈

Otocinclus vittatus

最適合做為混養魚的熱帶魚。

分佈	亞馬遜河		全長	5cm
水溫	24~27℃		水質	弱酸性~中性
飼養難易度	容易	普通	稍難	困難

以小精靈的名稱販賣，是最大眾化的篩耳鯰。因為喜歡吃青苔，所以經常會被買來做為清除青苔用。飼養容易，不過進口狀態惡劣的個體也多，必須注意。是最建議做為混養的魚。

木紋小精靈

Pseudotocinclus sp.

雖然小型，清除青苔的能力卻超高。

分佈	巴西		全長	4cm
水溫	24~27℃		水質	弱酸性~中性
飼養難易度	容易	普通	稍難	困難

因為體型小，也能放入小型魚水族箱中。會活潑地吃掉青苔，是最近很受喜愛的小精靈的一種。對環境的適應能力也強，狀態好的話，也可能繁殖。體質強健，容易飼養，可以推薦給水族新手。

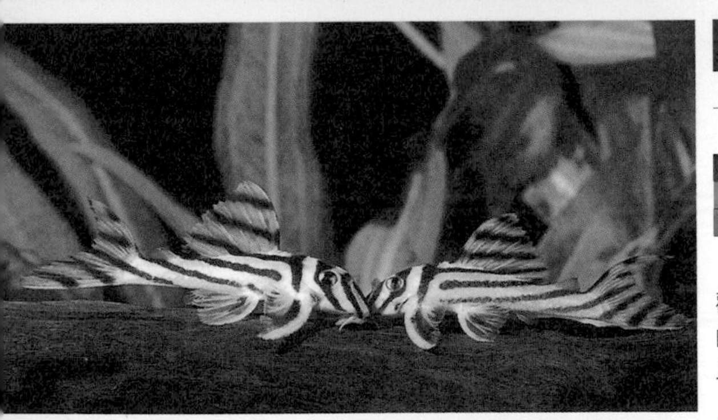

斑馬異型

Hipancistrus zebura

有最美麗的熱帶魚之稱的異型魚。

分佈	欣古河		全長	8cm
水溫	25~27℃		水質	中性
飼養難易度	容易	普通	稍難	困難

因為美麗而迅速普及，現在已經是最受歡迎的異型魚之一。不過，大概是因為濫捕的關係，目前的進口量持續鋭減中，變得難以取得。繁殖是可能的。

玻璃貓

Kryptopterus bicirrhis

有名的透明魚之一。是個性溫和的鯰魚。

分佈	泰國		全長	8cm
水溫	25~28℃		水質	中性
飼養難易度	容易	普通	稍難	困難

以擁有全身透明的身體而有名的小型鯰魚，會成群彷彿漂浮般地游在中層附近。體質比外表強健，飼養並不困難。個性非常溫和，很適合混養。因為有固定進口，所以也很容易購得。

黃金麗麗

Colisa sota var.

可愛且非常溫和，適合混養的麗麗魚。

分佈	改良品種		全長	4cm
水溫	25～28℃		水質	弱酸性～中性
飼養難易度	容易	普通	稍難	困難

鮮明的橘黃色很美麗，而且非常小型，十分可愛。狀態良好地飼養時，魚鰭會變成美麗的大紅色。飼養容易，不挑剔水質，個性非常溫和，適合混養。

霓虹燕子

Pseudomugil furcatus

輪廓非常美麗的彩虹魚。

分佈	巴布亞新幾內亞		全長	5cm
水溫	25～27℃		水質	中性
飼養難易度	容易	普通	稍難	困難

因為以前曾經歸於Popondetta屬，所以現在仍以Popondetta rainbow的名稱為人所熟知。什麼餌食都吃，飼養容易。希望能把牠養成美麗的個體。

大和沼蝦

Caridina japonica

水族箱最大眾化的蝦子代表種。

分佈	日本		全長	5cm
水溫	15～27℃		水質	中性
飼養難易度	容易	普通	稍難	困難

透明身體上規則性的紅點非常美麗，是棲息在日本溪流區域的蝦類。在日本觀賞魚界中是最普及的蝦子。植物食性強，會吃青苔，因此也是水族箱內用來清除青苔的大眾化品種。

紅水晶蝦

Neocaridina sp.

目前人氣第一的美麗蝦子。

分佈	改良品種		全長	2cm
水溫	20～25℃		水質	中性
飼養難易度	容易	普通	稍難	困難

即使是在水草水族箱中，美麗的紅色體色依然非常顯眼，是蜜蜂蝦的改良品種。美麗個體的流通量並不太多，所以價格較高，不過卻是物超所值的絕色美蝦。在水族箱中的繁殖也很容易。

STAGE 4

推薦的水草是這些

選擇能讓魚兒快樂生活，映襯其美麗的水草

在造景水族箱中不可欠缺的水草。現在也成為了主角，有越來越多人喜歡水草造景水族箱。其實，對於飼養熱帶魚的水族箱來說，水草也是不可缺少的。請選擇適合飼養熱帶魚的水草吧！

亞馬遜劍草是很適合日光燈的水草。

水蕨是適合孔雀魚的水草。

水草有助於水質的穩定。

CO_2 添加套組和底床的進步，使栽培變得更簡單。

水草是飼養熱帶魚時不可欠缺的。不僅可藉由光合作用為水中補充氧氣，保持水族箱內的水質狀態良好，對小型魚來說，還可以成為很好的隱蔽處。而對草食性強的魚而言，也能做為預備食物。

在熱帶魚的飼育上擔任重要配角的水草，其實最近本身也漸漸成為主角了。也就是把水草當作主角，享受水草造景水族箱的樂趣。

就在不久前，還普遍認為水草的栽培是困難的，不過現在二氧化碳套組、螢光燈，尤其是底床的進步都很驚人，因為這些飼養相關器具的進步，可以說栽培已經變得簡單了。

在目前最先進的底床中，成為主流的是土粒系的底床。只要善加活用先進的器具，從基本栽培法開始，應該就不會有錯了吧！

水草也和熱帶魚一樣有許多種類，甚至水草迷會收集各種不同的種類或是珍奇的種類。僅用一句話是無法將水草的奧妙言盡的，希望你可以享受它深奧的世界。

讓水草附生在流木上的類型，可以使用在各種不同尺寸的水族箱，移動方便，維護也容易。

水蕨和皇冠草的同類等非常適合。

如果要在混養水族箱中飼養孔雀魚和日光燈，種植一般的水草就可以了；但若是要徹底地以飼養為目的的話，就要做更細部的考量來選擇水草。

做為適合孔雀魚的水草，自古以來就為人所知的大概是水蓑衣屬同類或是以細葉水芹為代表的水蕨同類吧！只要這些水草能夠長得好，孔雀魚應該也能養得健康吧！

日光燈對大部分的水草都沒有問題，不過還是以南美的水草──亞馬遜劍草等皇冠草的同類最適合。此外，做為繁殖水族箱的產卵場所，使用爪哇莫絲等應該也不錯。

水草也可以成為魚的隱蔽處。

CHECK!

挑選水草的 3 要點

1. 選擇適合飼養魚的水草。
2. 選擇以目前使用的器具就可以栽培的水草。
3. 選擇適合水族箱大小的水草。

為孔雀魚和日光燈增添華麗

水草 完全目錄

為各位介紹新手也能輕易栽培的水草。當然也非常適合孔雀魚或日光燈的飼養。一定可以找到你喜愛的水草！

青葉草

Hygrophila polysperma

使用在中景～後景，健壯且有出色的均衡性。

分佈	印度	高度	20～50cm
水質	弱酸性～弱鹼性	水溫	20～30℃
光量	20W×2	CO_2	少些

飼養難易度	容易	普通	稍難	困難

做為適合孔雀魚的水草，自古就非常受人喜愛的有莖水草代表種。造景上，使用在中景到後景一帶，就能有良好的均衡性。

紅絲青葉

Hygrophila polysperma var. "rosanervis"

想要維持漂亮的粉紅色，必須施加追肥。

分佈	改良品種	高度	20～50cm
水質	弱酸性～弱鹼性	水溫	20～30℃
光量	20W×2	CO_2	少些

飼養難易度	容易	普通	稍難	困難

葉子上的斑點是粉紅色的，非常美麗。鐵分等肥料不足時，葉子上的紅色就會變淡，想要維持就必須追加肥料。

中柳

Hygrophila strieta

適合明亮的水族箱。要注意肥料不足的問題。

分佈	泰國	高度	20～50cm
水質	弱酸性～弱鹼性	水溫	20～30℃
光量	20W×2	CO_2	少些

飼養難易度	容易	普通	稍難	困難

葉子的顏色是明亮的綠色，所以常做為中心水草使用，是會生長到稍大型的水蓑衣屬。必須施肥，肥料不足就會立刻白化。

水羅蘭

Hygrophila difformis

圓葉會因為環境的變化而變成鋸齒狀的葉子。

分佈	東南亞	高度	20～50cm
水質	弱酸性～弱鹼性	水溫	20～30℃
光量	20W×2	CO_2	少些

飼養難易度	容易	普通	稍難	困難

圓葉會因為栽培條件而變化成漂亮的鋸齒狀葉子。體質強健，即使是新手，應該也很容易栽培吧！

小竹葉

Heteranthera zosterifolia

可依個人喜愛，讓它往上伸展或是匍匐地面。

分佈	南美	高度	20～50cm
水質	弱酸性～弱鹼性	水溫	20～30℃
光量	20W×2	CO_2	少些

飼養難易度	容易	普通	稍難	困難

栽培容易，從以前起就被用於造景上的水草。會依栽培條件而匐匍於地面或是向上伸展，可藉光量來進行調整。集中種植非常美麗。

最大眾化的水草之一。非常健壯，即使在沒有添加CO_2的水族箱中仍能充分生長，藉由匍匐莖就能簡單繁殖。造景上會使用在中景到後景。

小水蘭

Vallisneria spiralis

可藉匍匐莖簡單地繁殖，值得推薦的水草。

分佈	世界各地	高度	20～50cm
水質	弱酸性～弱鹼性	水溫	20～30℃
光量	20W×2	CO_2	少些

飼養難易度	容易	普通	稍難	困難

雖然是分佈在日本的水草，卻有許多在東南亞水草農場栽培的植栽進口。特徵是葉子扭曲成螺旋狀，也有Corkscrew Vallisneria的別稱。

扭蘭

Vallisneria natans

葉子的扭曲為其特色，非常可愛。

分佈	日本	高度	20～50cm
水質	弱酸性～弱鹼性	水溫	20～30℃
光量	20W×2	CO_2	少些

飼養難易度	容易	普通	稍難	困難

虎耳

Bacopa carorlinina

注意光量不足的問題。可能會溶解般地枯萎。

分佈	南美	高度	20～50cm
水質	弱酸性～中性	水溫	20～30℃
光量	20W×2	CO_2	少些

飼養難易度	容易	普通	稍難	困難

肥料分量多，就會變成稍帶紅色的美麗水中葉。光量一旦不足，可能會從下方開始溶解般地枯萎，必須注意。將10～20株種在一起，應該會很美麗吧！

從以前起就為人熟知的紅色系水草代表種。水上葉整個是綠色的，水中葉則逐漸變化成深紅色。購入時最好避免莖部發黑的。

血心蘭

Alternannthera reineckii

有充足的CO_2和肥料，就能長得健康美麗。

分佈	南美	高度	20～50cm
水質	弱酸性～中性	水溫	25～27℃
光量	20W×2	CO_2	多些

飼養難易度	容易	普通	稍難	困難

本種是越南產的地域變異種，是葉子遠比普通種還細的水蕨。就算浮著也能培植，非常強壯又容易栽培，是推薦給水族新手的水草。

越南細葉水芹

Ceratopteris thalictroides forma "VIETNAM"

也可以做為浮草使用的推薦水草。

分佈	越南	高度	20～50cm
水質	弱酸性～中性	水溫	20～28℃
光量	20W×2	CO_2	普通

飼養難易度	容易	普通	稍難	困難

矮珍珠

Glossostigma elatinoides

必須有稍多的CO_2並經常修剪。

分佈	紐西蘭	高度	2～3cm
水質	弱酸性～中性	水溫	15～25℃
光量	20W×2	CO_2	多些

飼養難易度	容易	普通	稍難	困難

圓型小葉會覆蓋整個底床，有如綠色地毯般地美麗繁茂。CO_2的添加非常重要，只要稍微添加多一點，就能生長得很好。請經常修剪。

爪哇莫絲

Taxiphyllum barbieri

雖然容易附著藻類，但蝦子可以有效清除。

分佈	世界各地	高度	2～10cm
水質	弱酸性～中性	水溫	10～30℃
光量	20W×2	CO_2	普通

飼養難易度	容易	普通	稍難	困難

最普及的苔蘚同類，能夠附生在流木或石頭上等，利用價值高，是造景上不可欠缺的存在。栽培容易，可充分繁殖，最好經常修剪。

鹿角苔

Riccia fluituns

纏在爪哇莫絲等上面，置於水族箱的底面。

分佈	東南亞、日本	高度	2～5cm
水質	弱酸性～中性	水溫	20～25℃
光量	20W×2	CO_2	多些

飼養難易度	容易	普通	稍難	困難

這是擁有明亮葉子的苔蘚同類，本來是浮在水面上生長的，要強制性地將它沉入水中。因此在水中栽培時，要把它纏在爪哇莫絲等上面，以免浮起。

大眾化水草的代表種。栽培上稍難，可能會溶解般地枯萎。市面販售的寶塔草有水上型和水中型，購買水上葉會比較容易栽培。

寶塔草

Cimnophila sessiliflora

有水上葉和水中葉。容易栽培的是水上葉。

分佈	東南亞、日本	高度	10～30cm
水質	弱酸性～弱鹼性	水溫	15～28℃
光量	20W×2	CO_2	少些

飼養難易度	容易	普通	稍難	困難

綠菊草

Cabomba caroliniana

栽培容易，但要注意水質的變化。

分佈	北美、日本	高度	20～30cm
水質	弱酸性～弱鹼性	水溫	10～28℃
光量	20W×1	CO_2	少些

飼養難易度	容易	普通	稍難	困難

以金魚藻的名稱為人所熟知的水草，耐低溫，現已歸化於日本。做為熱帶魚的水草，也是可充分享受其中樂趣的健康水草。水質一傾向鹼性，葉子就會破碎般枯萎。

紅菊花草

Cabomba piauhyensis

紅色變淡時，補充鐵分有效。

分佈	南美	高度	15～30cm
水質	弱酸性～弱鹼性	水溫	20～25℃
光量	20W×2	CO_2	少些

飼養難易度	容易	普通	稍難	困難

可以說是紅色系水草的代表種，色彩整體地呈現紅紫色。不同的水草農場似乎會有色彩差異的情形。容易肥料不足，一缺肥，葉子的紅色就會變淡。

鐵皇冠

Microsorium pteropus

推薦給新手的人氣羊齒類。夏天時須注意。

分佈	東南亞	高度	10~30cm
水質	弱酸性~中性	水溫	20~25℃
光量	20W×1	CO_2	普通

飼養難易度	容易	普通	稍難	困難

非常強壯，是很值得推薦給新手的水草。能夠附生在石頭或流木等上面，是利用價值很高的水草。不過，羊齒類不耐高水溫，在夏天容易生病，請注意。

小榕

Anubias barteri ver.nana

強壯，容易繁殖的水草。也能附生在流木上。

分佈	非洲	高度	10~20cm
水質	弱酸性~弱鹼性	水溫	25~27℃
光量	20W×2	CO_2	少些

飼養難易度	容易	普通	稍難	困難

因為能夠附生在流木等上面，所以可以廣泛地使用。強壯、容易繁殖也是它成為人氣種的主要原因之一。新鮮且pH值不會太低的水質比較容易栽培。推薦給新手。

亞馬遜劍草

Echinodorus bleheri

用來做為中心植物，相當值得觀賞！

分佈	南美	高度	20~50cm
水質	弱酸性	水溫	25~27℃
光量	20W×2	CO_2	少些

飼養難易度	容易	普通	稍難	困難

水族世界最有名的水草之一，簇生狀水草的代表種。是葉數多且會生長成大型的皇冠草，非常值得觀賞，最適合做為中心植物。

培茜椒草

Cryptocoryne petchii

想要種得美麗，就要添加追肥和CO_2。

分佈	斯里蘭卡	高度	10~15cm
水質	弱酸性~中性	水溫	20~25℃
光量	20W×2	CO_2	普通

飼養難易度	容易	普通	稍難	困難

這是葉子稍細的椒草，是很受歡迎的普及種。只要能注意到水質的急遽變化，栽培上是比較容易的。和其他的椒草不同，喜愛中性的水質，所以很好利用。

PART 3

孔雀魚＆日光燈的水族箱設置法

決定好喜歡的魚和理想的水族箱後，
終於要進行設置水族箱的作業了。
從購買水族箱和過濾器等用品開始，
到水族箱的裝設、水草的預備和造景，
還有魚隻的購入等，毫無喘息的時間。
在此要使用實際的照片，依序為各位解說這些作業。

STAGE 1

建議的店家

視魚隻的狀況和店員的素質來選擇

飼養熱帶魚時，想要避免失敗，就要訂定確實的飼養計畫。在此要按照順序為各位介紹孔雀魚和日光燈的飼養基本。希望能引導各位掌握基本，邁向成功的水族生活。

有健康魚隻的店家，應該就是可以長久打交道的商店吧！

店員願意跟顧客討論任何問題，對新手來說就是值得信賴的。

想要飼養什麼樣的魚？還有想要做成什麼樣的水族箱？

在飼養孔雀魚、日光燈時，首先要思考的就是想像自己的水族箱最終完成的模樣。例如「希望水草水族箱中有孔雀魚游動」或是「希望造景水族箱中只有日光燈游動」等等。

然而，要記住的是，在水族箱這個狹窄的環境中，是有各種限制的。自然的生態系統也是如此，最重要的就是平衡。和水族箱水量相應的魚隻數量，以及相應於水量和魚隻數量的過濾器、濾材數量等等。水量、過濾器、濾材、魚隻、水草等等，考慮所有水族箱相關物件的平衡是最重要的。

如果家中已經有水族箱，或是已經預先購入水族箱時，就要挑選該水族箱能夠飼養的魚。

CHECK!

挑選店家的 3 要點

1 觀察店內魚隻狀態的好壞
2 觀察水草狀態的好壞
3 觀察員工的素質

除此之外，擁有品味良好的水族箱造景、擺放許多水族箱相關書籍的店家，也是其熱衷學習的證明。

此外，如果是因為有喜歡的魚才開始考慮飼養時，就必須準備能夠飼養該魚種、也無須煩惱設置場所的水族箱。想要飼養什麼樣的魚，還有想要做成什麼樣的水族箱等，這些都是非常重要的事情。

想要製作什麼樣的水族箱，不妨試著將想像實際畫出來。這樣應該可以詳細地訂出計畫吧！

和好店家打交道
就是飼養成功的第 1 條件。

怎樣才能獲得關於魚隻的情報，以及健康的熱帶魚呢？就只有「前往好店家」這個答案了。如果是好的店家，任何疑問都能獲得認真的答覆，並且獲得各種建議。

對於新手來說，要看清店家的好壞，剛開始並不容易；不過最重要的還是店內有健康的熱帶魚這件事，可以用這個做為標準。因為比起買到狀況差的廉價魚隻，在有健康魚隻又可信賴的店家購買，會划算好幾倍（魚隻狀態的鑑定方法請參考本書P.118頁開始的「魚隻的選擇方法和購入方法」）。

如果要飼養孔雀魚，就先從收集情報開始吧！

還有，以店員的人品來選擇也很重要。想要長期打交道的話，如果對方不是能夠輕鬆愉快交談的人，是無法持久的。也可以試著先從有良好員工的店家來做選擇。這樣的店家不是只有販賣而已，就連售後服務應該也能確實地做到。

美麗的鑽石日光燈應該也是想養看看的魚吧！

STAGE 2

飼養用品的選擇方法

選擇最適合孔雀魚&日光燈的飼養器具

由於目前飼養相關器具的進步和充實，熱帶魚的飼養也變得更容易了。不過，想要展開不會失敗的水族生活，還是必須選擇適合飼養魚隻的飼養器具，採取正確的使用方法。不管任何事，開頭都是最重要的。

日光燈的飼養和其他燈魚一樣不會有問題。只要選擇正確的器具就很容易飼養。

孔雀魚
想要將孔雀魚養得美麗，適當的飼養器具是不可欠缺的。最好先在店家詢問後再做決定。

日光燈
雖然是任何人都能輕易飼養的日光燈，但若用錯飼養器具，還是會養不好。飼養時請充分確認。

飼養上最重要的是製作適合魚隻的水。

飼養熱帶魚已經成為任何人都能享受的興趣了。這都多虧了日新月異的飼養相關器具。而且，具有室內設計感的優質製品相當多，一定能夠找到你喜歡的用品。

不過，想要從眾多的飼養器具中選擇適當的器具，剛開始是相當困難的。因為熱帶魚飼養可以說是非常多樣化的。

從長達1公尺的大型魚到數公分的小型魚、棲息在河川的魚和棲息在湖中的魚、喜歡酸性水質的魚和喜歡鹼性水質的魚等，有多少種熱帶魚，就有多少種飼養方法，所以必須要挑選適合的飼養器具才行。

這是因為，就算基本是相同的，但只要一點點不同就會造成飼養方法的差異。

CHECK!

挑選飼養用品的 3 要點

1. 選擇適合魚隻的水族箱
2. 選擇適合魚隻數量的過濾器
3. 備齊適用於水族箱和過濾器的器具

因此，首先必須了解所飼養魚隻的性質。在飼養熱帶魚時，最重要的就是製作適合該魚隻的水質。就算說這麼多飼養器具都是為此目的而製造的工具也不為過。

能夠把熱帶魚飼養好的人，都是善於作水的人。請用最新的器具，毫無差錯地享受快樂的水族生活吧！

只要活用最新的飼養器具，就能避免大多數的失敗。

決定好希望飼養的魚、數量，還有想要如何造景等之後，就要來選擇器具了。

首先是水族箱，請選擇能夠設置在家中的尺寸、自己喜歡的設計款式的水族箱吧！現在有許多尺寸齊全、設計絕佳的製品，應該可以找到心目中的最佳水族箱。

決定好水族箱後，就要來選擇適用於水族箱的過濾器，並配合飼養魚隻的數量來決定過濾器的尺寸。飼養數量越多，就越需要性能佳的大型過濾器。

近來，進步最多的是底床和水質調整劑類。尤其是底床，有很多優質的商品，即使是以前難以種植的水草也變得比較容易栽培了。此外，目前也開發出能使水質穩定的底床和有強力淨化水質作用的底床，當然要加以使用了。

另外，在水族箱剛剛裝設好的時期，細菌之類的水質調整劑類也是不可欠缺的東西。

商店裡販賣著各式各樣的商品。

孔雀魚 如果是認真地想要繁殖的話，準備數個小型水族箱會比一個大型水族箱方便。此外，飼養孔雀魚使用的過濾器，吸水口一定要裝上海綿，以免出生的稚魚被吸入過濾器中。

日光燈 如果想要享受其在水草造景水族箱中群泳的樂趣，最好使用沒有框的全玻璃水族箱。雖然只要有日光燈群泳就會非常漂亮了，但還是希望大家能以連水族箱和照明器具也呈現出整體美的水族箱為目標。應該會成為很棒的室內擺設吧！

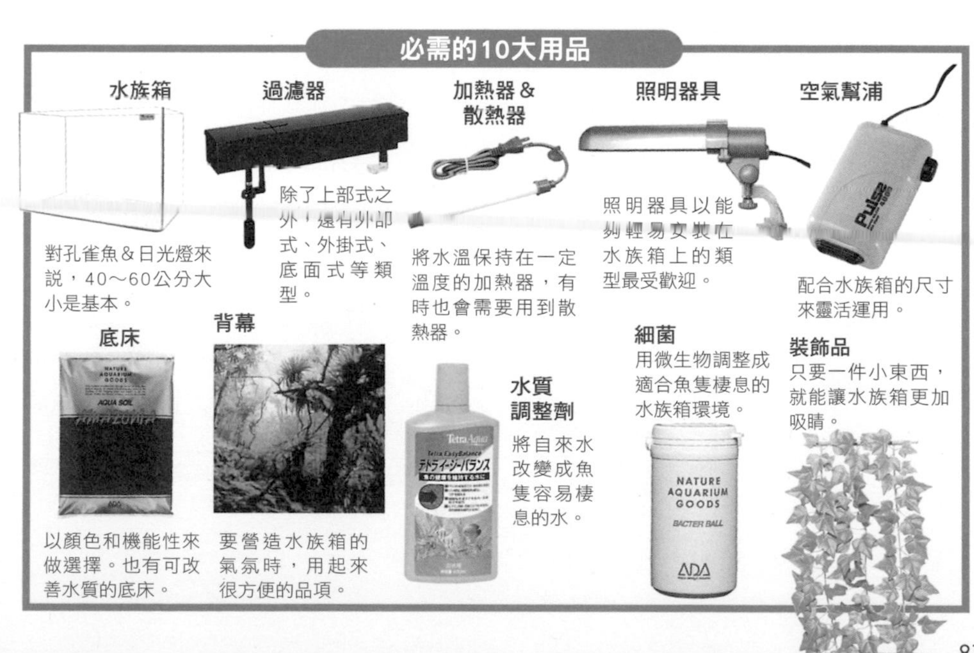

水族箱 設置在安靜、通風良好、陽光無法直射的地方。

60公分且重量超過60公斤的水族箱，最好放在市售的水族箱台上。震動多的場所或是人們經常通過的場所等也要避免，最好設置在魚隻可以安靜下來的地方。最低限度也要放置在台面不傾斜的穩定場所，確保不會照射到直射陽光，通風良好的地方。如果會照到直射陽光，就會導致水溫上升或是藻類的異常發生。

玻璃製品最普遍，不過可以客製化的壓克力水族箱也很有魅力。

水量之所以重要，是因為水量越多，水質就越安定，飼養也會變得輕鬆。因此，具有某程度的水量，放置場所也不至於讓人感到困擾的60公分水族箱最為普及，也是我們所建議的。比60公分還小的水族箱，因為水量少，水質很快就會惡化，在換水時期等的維護上必須有些經驗，所以剛開始時還是避免比較好。

最常見的是包含60公分水族箱在內的玻璃水族箱。因為價格低廉、不易損傷又具有透明感，只要注意碰撞等對玻璃造成的破損，可以說是最適合做為室內裝飾的水族箱。

壓克力水族箱比玻璃製的重量還輕，主要使用在大型水族箱。因為有容易加工的特性，因此能夠特別訂製，可以配合家中想放置的場所來訂製水族箱。

請掌握水族箱的最多飼養數量。

水族箱尺寸和重量之間的關係

水族箱尺寸（寬×深×高：mm）	水量（ℓ）	總重量（kg）
360×220×260	20	21
450×295×300	35	36
600×295×360	57	60
600×450×450	105	110
900×450×450	157	167
1200×450×480	220	235
1500×450×600	345	375

裝設完成的水族箱會有相當的重量。為了避免意外，請準備穩固的設置場所。

※水量、總重量為大致標準。

CHECK! 挑選水族箱的 3 要點

1 選擇能夠設置的水族箱尺寸
2 選擇適合飼養魚隻的水族箱
3 選擇符合完成想像的水族箱

水族箱

45公分大小

前面有弧度的玻璃水族箱。玻璃厚5mm。寬45×深29×高30（cm）。L

55公分大小

立方體的玻璃水族箱。玻璃厚10mm。寬55×深55×高55（cm）。A

60公分大小

附有水質調整劑的玻璃水族箱。玻璃厚6mm。寬60×深30×高36（cm）。K

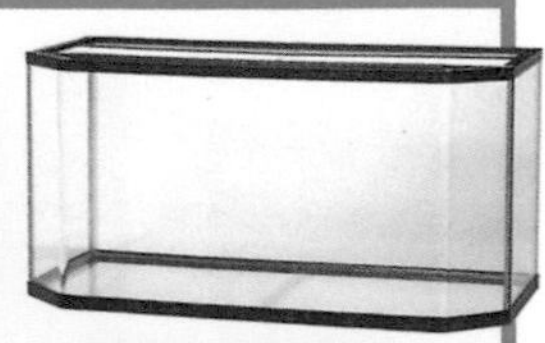

90公分大小

45度弧度的玻璃水族箱。玻璃厚6mm。寬90×深45×高45（cm）。D

●商品經銷處／A：Aqua Design Amano D：KOTOBUKI 工芸 K：Tetra-Japan L：TRIO CORPORATION

飼養孔雀魚時

一般飼養的話，以 60 公分的玻璃水族箱為佳。

在造景水族箱中飼養孔雀魚時，60公分的玻璃水族箱是最適合的，其中大概又以室內裝飾性佳的全玻璃水族箱最適宜吧！

此外，如果想要繁殖孔雀魚或是創造出自己獨創的孔雀魚時，建議使用比較容易保養的中型水族箱飼養。想讓孔雀魚繁殖時，比起用一個90公分的水族箱，數個45公分等的中型水族箱反而比較方便。

如果目標是穩定的系統維持，至少必須準備繁殖水族箱等。剛開始先準備一個只有雄魚的觀賞用60公分造景水族箱，然後再準備一個雌魚和稚魚用的45公分繁殖用水族箱就可以了。使用外掛式過濾器或是海綿過濾器等，底床則淺淺地鋪上大磯砂即可。

⬆選擇讓孔雀魚看起來最漂亮的水族箱吧！

➡45～60公分的水族箱使用方便，最適合了。A

如果能種植或飄浮著大葉水芹等水草，應該會更好！

飼養日光燈時

如果目標是繁殖，就再準備一個 45 公分的水族箱。

要讓美麗的日光燈顯得更美，最好的方法就是在水草造景水族箱中成群飼養了！因此，選擇適合造景的水族箱可以說是比較好的。同樣地，最初還是從中型的玻璃水族箱開始比較好。現在最普及的中型水族箱，最大優點就是價格便宜。相關商品同樣數量眾多且有大量生產，所以任何商品都很容易購得而且價格便宜。

另外，就算日光燈是非常小型的熱帶魚，如果水族箱太小的話，水量的問題會導致飼養數量受限，難以享受群泳的樂趣。考慮到這些點，還是以45～60公分的全玻璃水族箱為宜。當造景水族箱完成時，整體性地觀賞，應該會變得非常漂亮才對。最近推出了許多造型美麗、室內裝飾性佳的水族箱，敬請加以使用。

⬆群泳可讓日光燈更增添美麗。

➡請選擇中型尺寸（45～60公分）適合水草造景的水族箱吧！D

如果目標是繁殖，除了飼養水族箱之外，大概再準備一個45公分左右的繁殖水族箱就可以了。

過濾器　善加活用過濾細菌，就是養好熱帶魚的關鍵。

要將原本在大河或湖泊這些常有乾淨水流的環境中生活的熱帶魚飼養在小小的水族箱中，水質惡化是難以避免的。為了做好水質管理，就有不可欠缺的必需物品。就算不每天換水，仍然能夠將飼養水保持在良好狀態的器具，就是過濾器。

雖然都稱為過濾器，卻有各式各樣的種類。不管是哪一種過濾器，大致都有兩種功能：除去殘屑或排泄物等眼睛可視污物的物理過濾，以及將氨等眼睛看不見的老舊廢物轉變成無害物質的生物過濾。

不管哪一種，濾材都是不可欠缺的。藉由棲息在濾材上的過濾細菌將水質變好，也就是所謂的過濾。如何善加活用過濾細菌？水族箱內是否調整成過濾細菌容易居住的環境？就是「養好熱帶魚」的關鍵。

就算為水草添加了二氧化碳，但若選錯了過濾器，是不會有任何效用的。

請根據用途來選擇過濾器吧！例如，如果要用在水草造景水族箱上，可避免光合作用需要的CO_2逸失的外部式過濾器就比較適宜；如果是小型水族箱，不佔空間的外掛式過濾器就可以了。

濾材的表面積越大，過濾能力越高。

最常見的濾棉就是最具代表性的濾材，不過現在也推出了許多高性能的濾材。挑選濾材時最重要的就是表面積的大小。表面積越大，過濾細菌附著的空間就越大，過濾能力也越高。

剛開始時，使用過濾器附屬的濾材大概就可以了。不瞭解的地方不妨向店家詢問。

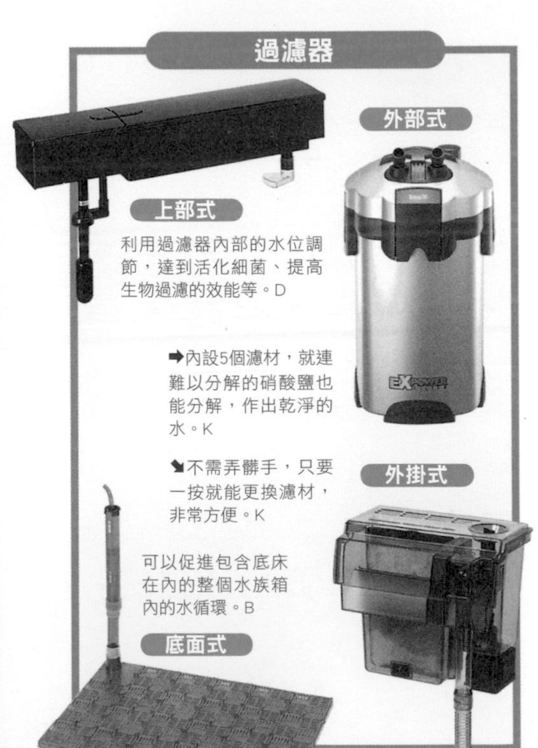

CHECK!　挑選過濾器的 3 要點

1. 選擇符合目的的過濾器
2. 配合飼養數量來選擇尺寸
3. 選擇高性能的濾材

●商品經銷處／ B：EHEIM Japan　D：KOTOBUKI 工芸　K：Tetra-Japan

上部式過濾器

設置在水族箱上部，
最普遍的過濾器。

這是購入一般的60公分水族箱套組時，經常裝備的過濾器。在過濾槽內鋪上砂礫或濾棉，讓過濾細菌在那裡繁殖，進行過濾。如果能定期性地清潔濾材，不但能提高過濾能力，維護也會比較輕鬆，可以說是最適合新手的過濾器。

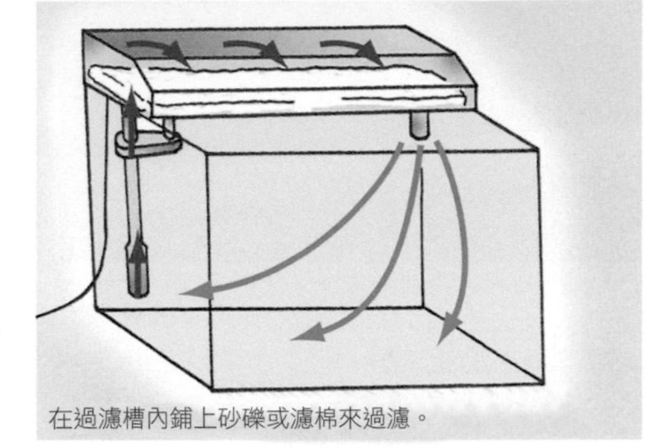
在過濾槽內鋪上砂礫或濾棉來過濾。

外部式過濾器

過濾能力最高、
高品質的過濾器。

最適合水草水族箱的過濾器。因為是密閉式的過濾器，所以很安靜，是適合設置在起居室的水族箱。而且最大的特徵莫過於過濾能力高這一點。購買時最好選擇比適合水族箱還要高一級的製品。水流過強時，只要在雨淋管上多開幾個洞就可以解決。

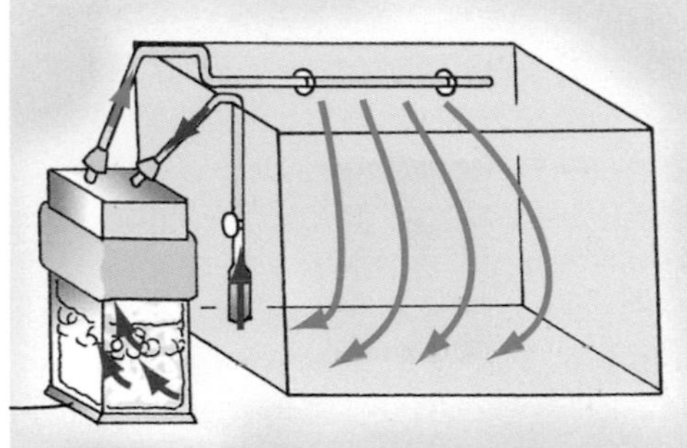
過濾能力高，使用馬達的密閉式過濾器。

外掛式過濾器

最近流行的趨勢、
方便好用的過濾器。

維護起來非常容易的過濾器。進行維護時，手不需要伸入水族箱裡，只要更換濾材就可以了。在此之前，小型水族箱就算想要製作水草造景，也沒有適當的過濾器而無法造景，但自從這種製品開始上市後，就能輕易地享受造景的樂趣了。

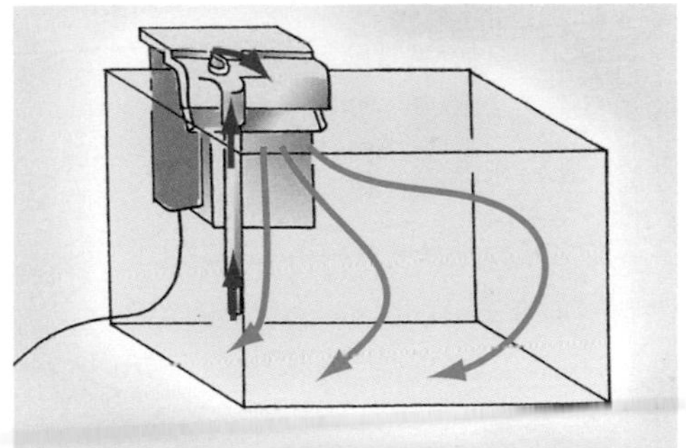
現在最進化、普及的過濾器。

底面式過濾器

讓過濾細菌在砂礫中
繁殖過濾的過濾器。

設置在底床下面，利用空氣幫浦的空氣和水中馬達的力量讓水循環，使過濾細菌在砂礫中繁殖，進行過濾的過濾器。因為是在水族箱的底床過濾污垢的，所以必須經常使用底床清潔器等，去除底床中的污物。

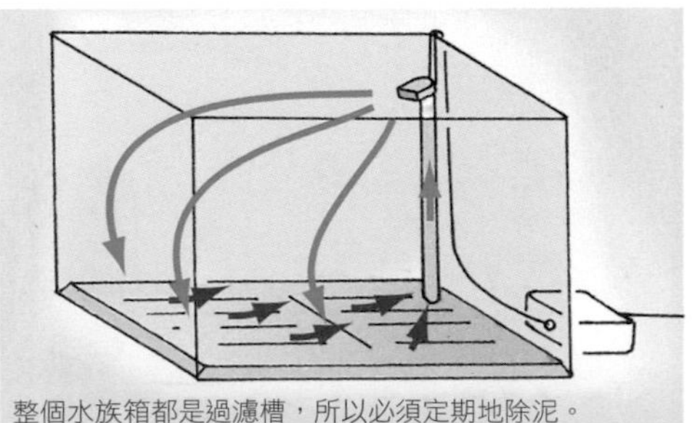
整個水族箱都是過濾槽，所以必須定期地除泥。

加熱器會到達相當的溫度。請注意燙傷。

加熱器 IC自動加熱器不但輕便，而且操作簡單。讓飼養變得更容易。

飼養金魚或鱂魚，和飼養熱帶魚之間決定性的不同，就在於是否使用保溫器具。現在，用法簡單且精密度高的保溫器具非常多，相較於以往有驚人的進步，因此任何人都能正確地調整水溫。

從雙金屬式控溫器進步到電子式控溫器，其中又以IC自動加熱器為劃時代性的產品，能夠輕便地放在水族箱內，操作也很簡單，可以説讓飼養熱帶魚變得更平易近人了。

石英管和陶瓷

有石英管加熱器和陶瓷加熱器，現在以陶瓷加熱器為主流。瓦數依水族箱的大小而增加，不過，假設水量需要200瓦加熱器時，使用2支100瓦加熱器來達到200瓦的效能，不僅安全性比較高，萬一有1支壞掉時，也還有1支是好的。

水族箱尺寸與合適加熱器之間的關係

水族箱尺寸（寬×深×高：mm）	水量（ℓ）	適合瓦數（w）
360×220×260	20	75
450×295×300	35	100
600×295×360	57	150
600×450×450	105	200
900×450×450	157	300
1200×450×480	220	500
1500×450×600	345	1000

當水族箱加大，加熱器的瓦數也變大時，請以增加加熱器的支數來因應。

※水量為大致標準。

電子式控溫器

藉由溫度感測器來感知水溫，只要對準刻度，就能自由調節溫度的優質控溫器。

IC自動加熱器

將控溫器和加熱器一體化，可以輕便地設置在水族箱內，不管是外觀還是性能都無從挑剔。

CHECK! 挑選加熱器的 3 要點

1. 小型～中型水族箱使用自動加熱器即可
2. 選擇能夠調節溫度的製品
3. 如果是大型水族箱，就要增加加熱器的支數

加熱器＆散熱器

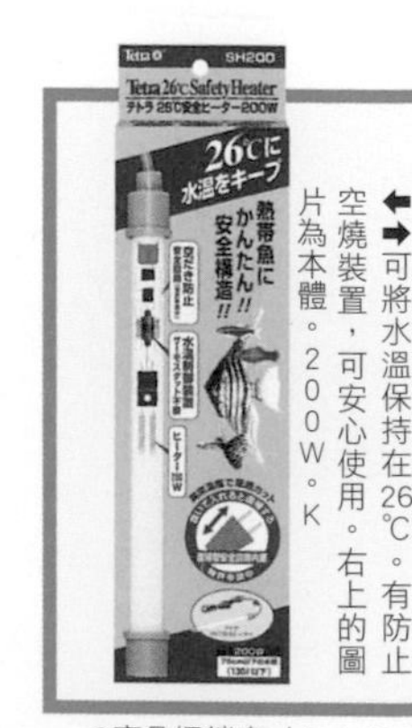

⬅➡可將水溫保持在26℃。有防止空燒裝置，可安心使用。右上的圖片為本體。200W。K

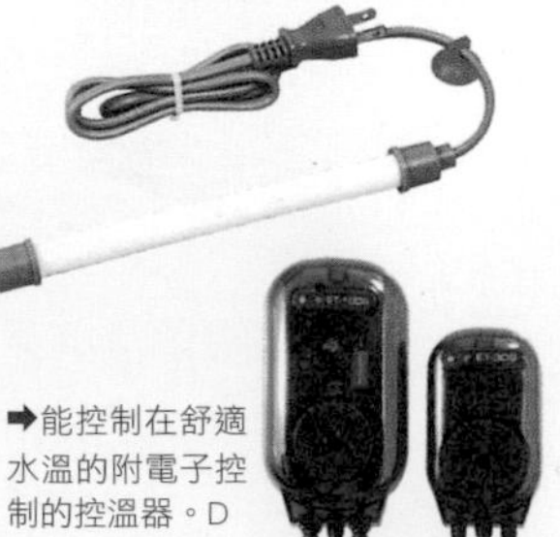
➡能控制在舒適水溫的附電子控制的控溫器。D

⬆可用高效力冷卻350公升以內的水。E

➡用夾子固定在水族箱邊緣的輕便型散熱器。K

●商品經銷處／D：KOTOBUKI 工芸　E：GEX　K：Tetra-Japan

最近，臂燈式的產品很受歡迎。

照明器具 魚也有生活周期。在水族箱內製造晝夜是非常重要的事。

熱帶魚大多是生活在熱帶到溫帶的強烈陽光下的魚。沒有好的光線就無法看見牠們原本美麗的體色。魚也會感覺有太陽出來的白天和沒有太陽的黑夜，擁有各自的生活周期。

如果是普通的飼養，用一般家庭使用的螢光燈就足夠了；如果想要讓熱帶魚顯得更美麗，就必須選擇適合魚的螢光燈。還有，如果種植很多水草，建議使用水草栽培用的螢光燈。

水草水族箱為了讓水草行光合作用，必須有充足的陽光，為了這個目的而製品化的就是使用複數螢光燈的照明器具。即使是普通的水族箱，波長也不盡相同，可以複數使用讓魚顯得更美麗的螢光燈和栽培水草用的螢光燈，讓水族箱看起來明亮又美麗。

CHECK! 挑選照明器具的 3 要點

1 配合水族箱的尺寸
2 配合所栽培的水草
3 配合用途（為了避免水溫上升等）

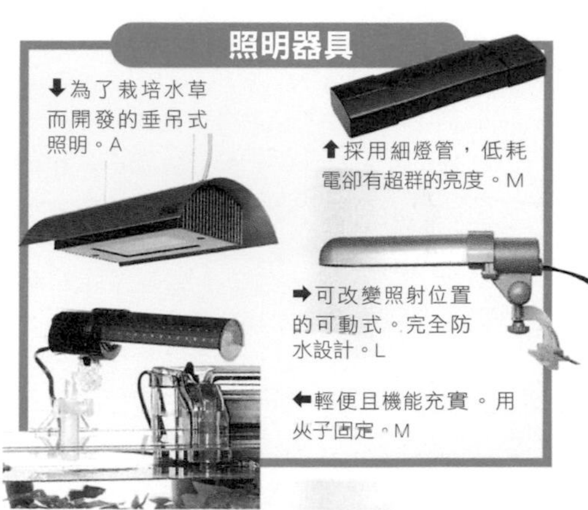

空氣幫浦 過濾器等的動力來源。同時也是對水族箱內補給氧氣的器具。

空氣幫浦是強制性地將空氣送入水族箱內，補給氧氣的器具，不過現在很少使用在其本來的用途上。

以目前的狀況來說，最常被利用來做為驅動海綿過濾器或底部過濾器的動力來源。藉由空氣的力量驅動，同時也進行氧氣的補給。當飼養數量多的時候很容易缺氧，最好加以使用。

現在的空氣幫浦已經相當進步，不像以前那麼吵雜，市面販售的大多是沒有噪音的優異製品。

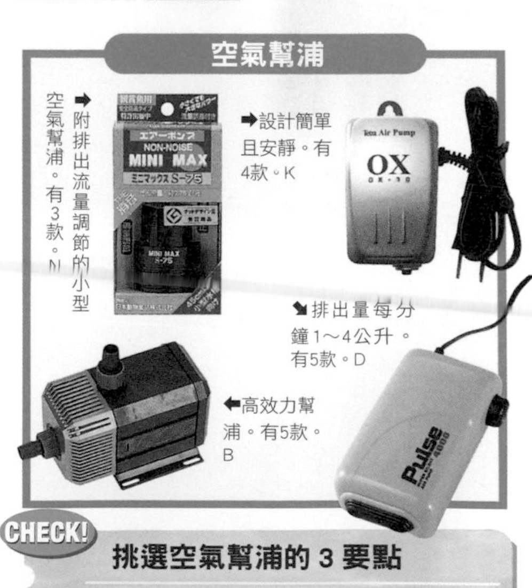

CHECK! 挑選空氣幫浦的 3 要點

1 配合水族箱的尺寸
2 配合使用的器具（海綿過濾器等）
3 選擇聲音或振動較安靜者

●商品經銷處／A：Aqua Design Amano B：EHEIM Japan D：KOTOBUKI工芸 K：Tetra-Japan L：TRIO CORPORATION M：Nisso N：日本動物藥品

除了調整水質，還能淨化水質的優質底床也上市了。

使用的底床會依飼養形式而有所不同，請配合自己想製作的水族箱來選擇底床吧！最近市面上有非常優質的底床販售，除了調整水質，也有淨化水質的作用，可以得到令人驚訝的效果，不用就太可惜了！

如果想在水草造景水族箱中飼養日光燈或是孔雀魚，選擇底床的要點就在於想要栽培什麼種類的水草。依照種類而異，有些品種在pH值低的情況下很難栽培，也有些是剛好相反。

被稱為野生水草的種類，使用土粒系的底床會比較好。而水榕類似乎有以稍具硬度的大磯砂系才能栽培得漂亮的傾向。事先調查想栽種的水草的特性，就是選擇底床的重點。

挑選底床的 3 要點

1 孔雀魚用大磯砂系
2 日光燈用土粒系
3 陶瓷系全都可以使用

土粒系底床對水草水族箱是不可欠缺的。

大磯砂系底床 水族界從以前起就為人所熟知的底床。在土粒系底床出現前，曾經是飼養熱帶魚的基本底床。新品的鈣成分會稍多一些。是適合飼養孔雀魚的底床。

土粒系底床 大概是現在最受店家推薦的底床吧！連難以栽培的水草都能比較輕易地培育，要在水草造景水族箱中飼養日光燈應該會很適合吧！有些製品的pH值相當低，所以在設置好後的1個月內要頻繁地換水，就是聰明使用底床的方法。

陶瓷系底床 可以想成是和土粒系差不多的東西，但因為燒得相當堅硬，所以不會像土粒系一樣崩解，因此就算是底部過濾器也不會捲起砂子，非常方便使用。pH值也不會太低，對於新手來說比較容易處理運用。

底床

大磯砂系

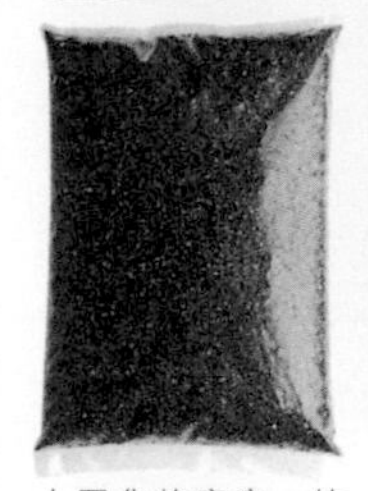

大眾化的底床。特別推薦給孔雀魚的飼養。

土粒系

已經燒到適當的硬度，特別推薦給水草的栽培。A

可維持弱酸性的水，呈多孔質粒狀，擁有超群的過濾能力。M

陶瓷系

材質堅硬，顆粒不易崩解，所以也能使用在底部過濾。A

多孔質的陶瓷，讓細菌容易定著、繁殖。O

●商品經銷處／A：Aqua Design Amano　M：Nisso　O：神畑

背幕 對於孔雀魚和日光燈來說，半透明的藍色非常合適。

如果可以看見水族箱後方的牆壁，難得的造景水族箱大概也會美麗半減吧！因此就需要背幕。這是貼在水族箱背側，可以讓後方看起來乾淨俐落的品項。背幕以黑色、藍色、水草背景最為普遍，不過就孔雀魚和日光燈來說，大概以半透明的藍色最適合吧！

此外，現在也售有許多其他的背幕，有塑膠製的假岩啦，或是可以放入水族箱內側的背幕等等，都是可以擴充水族生活的有趣物品，不妨試著使用看看吧！

背幕

令人聯想到熱帶雨林、具有臨場感的大全景畫的背幕。H

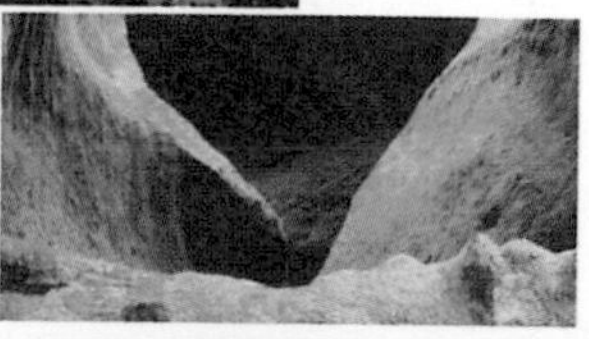

讓人聯想到長滿苔蘚的森林的背幕。M

CHECK!

挑選背幕的 3 要點

1 配合水族箱的尺寸
2 選擇適合魚的顏色
3 也可以搭配造景來選擇

水質調整劑 希望加以活用的水質調整劑。請先檢查 pH 值看看。

水質調整劑就是將不適合直接做為飼養水的自來水，調整為接近最佳飼養水的藥劑。最常使用的就是用來中和自來水中的氯的中和劑。現在已有方便使用的液狀商品出現，使用方法也很簡單。

想要將水質保持在良好狀態，就必須掌握現階段的水質，不妨使用水質測定器來檢查。也就是讓水質測定器測定出來的數值往理想數值接近。先檢測pH值看看，然後用水質調整劑將水質控制在所飼養魚隻的理想pH值。市面上販售有各式各樣的水質調整劑，剛開始還是先詢問店家吧！

努力讓水質儘量接近原產地的水吧！

水質調整劑

⬆抑制水質惡化，以礦物質將微生物活性化。K

⬇發揮 4 種效果。高性能且經濟性佳。B

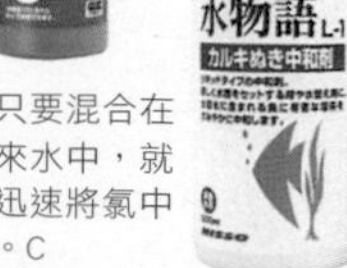

⬇可以幫忙除氯，製作讓熱帶魚舒適的水。M

⬆只要混合在自來水中，就能迅速將氯中和。C

CHECK!

挑選水質調整劑的 3 要點

1 先選擇氯中和劑
2 準備 pH 計
3 選購對測定過的水質進行調整的製品

●商品經銷處／B：EHEIM Japan　C：Kyorin　H：SUDO　K：Tetra-Japan　M：Nisso

在剛設置好的水族箱裡使用細菌看看。

因為細菌的作用，迅速消除混濁。

水的淨化有賴於附著在濾材等上面的過濾細菌。

剛剛設置好的水族箱，看起來雖然很潔淨，實際上卻不是適合魚隻棲息的環境。為什麼呢？因為這等於是沒有過濾細菌的狀態。

水族箱的水之所以能淨化，靠的是附著在過濾器濾材等上面的過濾細菌的力量。在剛設置完成的水族箱中，因為無法淨化水質，所以水質不穩定，對魚隻來說是過度嚴苛的環境。

大部分的新手最常犯的錯誤，就是把魚放進了剛設置好的水族箱中；還有在換水重設水族箱後，立刻把魚放進去。要讓新設置好的水族箱的過濾細菌正常活動，至少需要2～3個禮拜左右的時間。

因此，能夠添加過濾細菌的商品就是非常有幫助的商品。

這是將水質淨化所需的過濾細菌包裝起來的商品，只要添加過濾細菌，就能比平常更快速地作水，可以期望在比較短的時間內達到水質穩定的效果。是希望新手一定要加以利用的品項。

以往的商品效果不是非常好，因此不用的人很多，不過現在已經有很多有效的劃時代商品了，希望大家能加以活用，免於失敗。只要在向店家詢問後，購入建議的商品就可以了。

CHECK!

挑選細菌的 3 要點

1. 依附屬效果選擇
2. 配合水量購入
3. 選擇店家建議的商品

細菌

⬆➡包含了100種以上呈休眠狀態的細菌。做成圓球狀，放在水族箱中不顯眼的地方，就會逐漸崩解。A

➡以海洋性珪藻土（矽藻土）為主要成分，在礦物質和天然酵母的作用下，作成健康的水。F

⬆有2種活的微生物的生鮮包裝。活性微生物可以完全分解有害的氨。J。

●商品經銷處／A：Aqua Design Amano　F：Zicra　J：SOA

附屬品·其他　網子不只是撈魚的工具，也可以去除污物或是殘餌。

換水時一定會用到的水管也可以用汽油用的泵管來代替，非常方便。此外，專用的底床清潔器可以清除砂礫中的污物，也是很方便的品項。

網子最好準備幾種大小不同的種類。因為只有一支網子的話，想要好好地捉魚是有困難的。而且，網子也不單只是撈魚的工具，還可以用來清除污物或是去除殘餌，經常用在各種不同的用途上。

剪刀或鑷子、滴管等也很常用到，最好先準備好。剪刀也是，如果用廚房剪刀來剪切魚餌，想必會惹得家人不悅。還有，果凍盒等容器也要保留下來，必要時真的很好用。

螢光燈在夏天時，可能會引起水溫上升的嚴重情形。燈架可以讓螢光燈拉開與水族箱的距離，使螢光燈發出的熱度往外逸散；若能與冷風扇等併用，更具效果。現在市面上可以買到許多非常方便的附屬用品，不妨嘗試看看各種不同的物品吧！

CHECK!

挑選附屬品的 3 要點

1. 備有水管或打氣管類會很方便
2. 準備數種大小不同的網子
3. 其他的小物品視需要備齊

在水草栽培上，添加二氧化碳極具效果。

附屬品

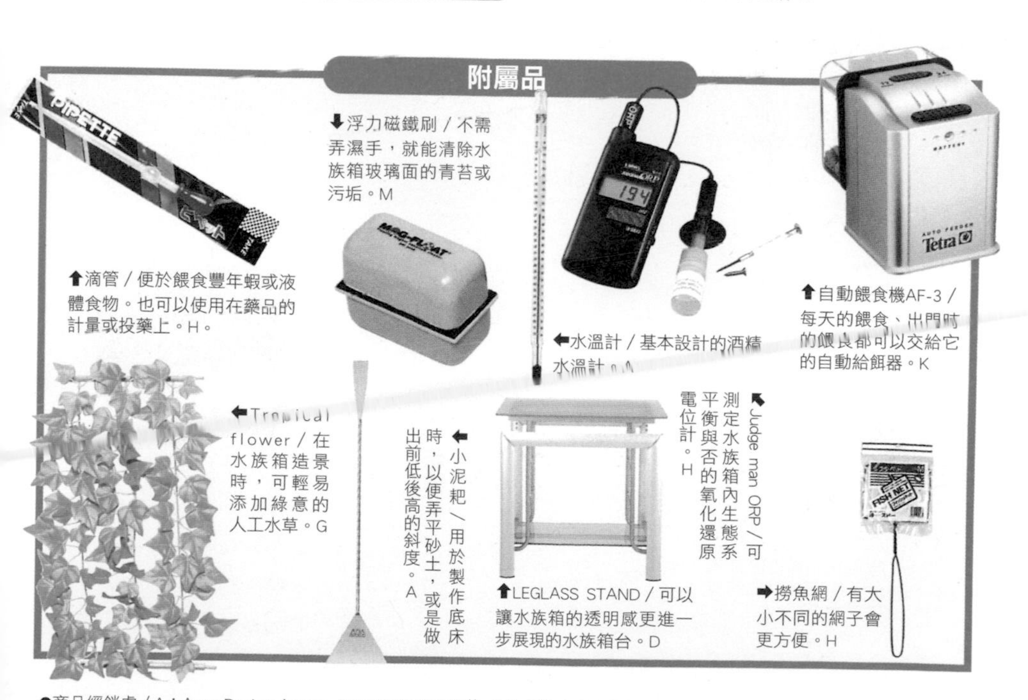

⬆滴管／便於餵食豐年蝦或液體食物。也可以使用在藥品的計量或投藥上。H。

⬇浮力磁鐵刷／不需弄濕手，就能清除水族箱玻璃面的青苔或污垢。M

⬅水溫計／基本設計的酒精水溫計。A

⬆自動餵食機AF-3／每天的餵食、出門時的餵食都可以交給它的自動給餌器。K

⬅Tropical flower／在水族箱造景時，可輕易添加綠意的人工水草。G

⬅小泥耙／用於製作底床時，以便弄平砂土，或是做出前低後高的斜度。A

⬆LEGLASS STAND／可以讓水族箱的透明感更進一步展現的水族箱台。D

⬉Judge man ORP／可測定水族箱內生態系平衡與否的氧化還原電位計。H

➡撈魚網／有大小不同的網子會更方便。H

●商品經銷處／A：Aqua Design Amano　D：KOTOBUKI工芸　G：水作　H：SUDO　K：Tetra-Japan　M：Nisso

STAGE 3

水族箱的設置
只要依照行程進行作業，就絕對不會失敗

養魚就是「養水」。幸運的是，日本的水很適合熱帶魚的飼養，所以只要按部就班地進行設置，一定可以獲得好的結果。也就是說，作水就是飼養孔雀魚&日光燈的第1步。

「水」的管理從這裡開始。在購入魚隻前，請按部就班地進行設置吧！

設置時的水會影響飼養狀況的好壞。

飼養熱帶魚，最重要的就是「水」。飼養時自不待言，嘗試繁殖時最需費心思的也還是水。

不過，由於設置時的水會深刻影響飼養狀況的好壞，所以剛開始如果失敗了，一切就無法順利進行。魚隻的體況一旦崩壞，想要加以改善就得費一番工夫，甚至連所期待的繁殖也可能陷入絕望的情況。

除此之外，若是最初購入的魚全死了，也可能會讓人變得不喜歡飼養熱帶魚了。所以，希望大家能確實地設置，將最初的作水做到最好。在此要為各位介紹以60公分的水族箱做為範例的設置。

CHECK!

設置的 3 要點

1 以正確的順序設置
2 作出適合魚隻的水
3 設置完成後，一定要讓水循環1～2個禮拜（運轉）

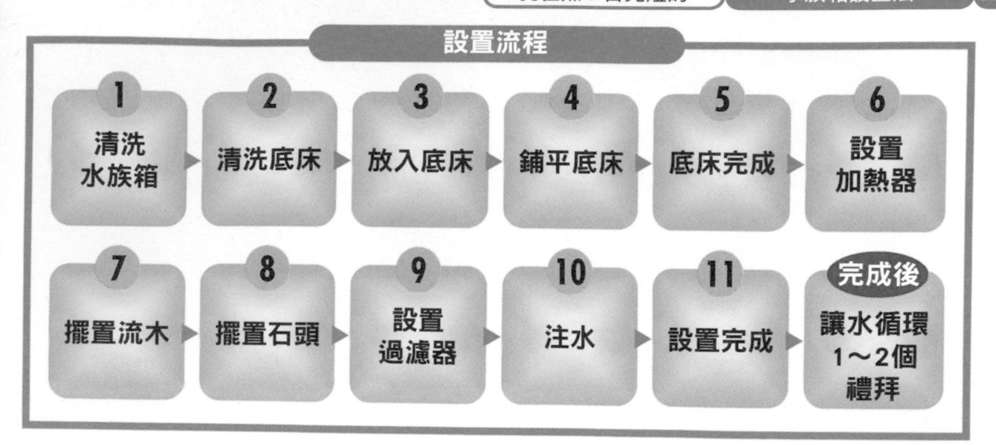

設置前先決定好擺放水族箱的場所。

設置可以依照自己的經驗來決定順序，不過如果你是第一次的話，不妨依照上面指示的順序來進行。

首先是決定水族箱和水族箱台的設置場所，請參考本書P.88來設置即可。購入的水族箱和器具上可能附著有灰塵或油分，直接使用會造成水的白濁，所以請先充分清洗乾淨。

大磯砂也是一樣，直接使用會讓水變得相當白濁，必須仔細清洗才行（如果使用底面式過濾器，要在設置好過濾器後再鋪砂）。

接著是設置過濾器和濾材。不同的過濾器有不同的濾材，剛開始時，使用附屬的濾材或是店家推薦的濾材即可。清洗後再設置。

然後是設置控溫器和加熱器。不過在水族箱還沒有加水前，絕對不可以插入插座。

設置好流木或石頭等裝飾品。為了避免用水管注水時砂礫往上揚，讓水變得白濁，可用盤子或塑膠袋當作托盤來接水。如果水過度白濁的話，可以先將水抽掉，再次慢慢將水注入。

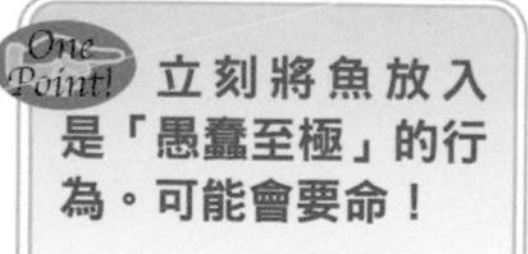

One Point! 立刻將魚放入是「愚蠢至極」的行為。可能會要命！

千萬不能因為已經設置好了，就立刻把魚放進去。雖然大家可能聽膩了，但這是最不能做的事情。最少也要讓水循環1～2個禮拜。

為了享受美麗水族箱的樂趣，確實的準備是不可欠缺的。不妨讓自己在作業時也樂在其中吧！

水族箱設置 START!

1 清洗水族箱

仔細洗掉沾附在水族箱或器材上的髒污或灰塵等。

　　水族箱必須有不歪斜、能承受重量、底部牢固的設置場所。還有，由於熱帶魚的相關器材經常要用電，所以附近有插座會比較方便。不過，因為裡面都是水，最好避免擺放在電器製品附近。

　　水族箱和其他機材上往往會沾附許多灰塵，因此要先清洗乾淨。如果直接加水，會讓水變得白濁，可能會帶給魚隻不好的影響。

2 清洗底床

分成小部分清洗，再放入水族箱中。注意也有免洗型的。

　　購入底床就直接使用的話，水會變得相當白濁，所以必須仔細清洗。如果一次清洗全部的底砂，水很難變得清澈，最好一點一點地分成小部分清洗，再逐次放入水族箱中（使用底面式過濾器時，要先設置好過濾器後再鋪上砂子）。不過，土粒系的底床也有不需清洗、直接使用的類型，請依照說明書的指示來進行。

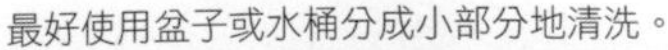

最好使用盆子或水桶分成小部分地清洗。

使用背幕讓水族箱呈現出個性。

水族箱和機材不可使用對魚隻有害的洗潔劑來清洗。

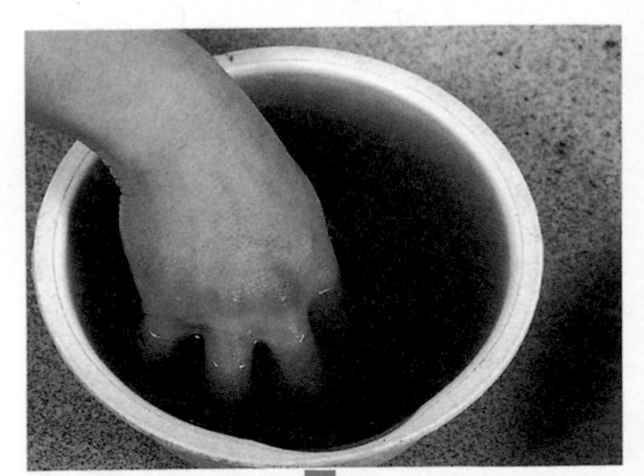

就像這樣，剛開始是相當混濁的。

一邊沖水一邊清洗，就能迅速洗清。

考慮到安全，慢慢地放入水族箱中吧！

注意不要在玻璃面留下刮痕。

3 放入底床

將底床放入水族箱中時，請充分瀝乾後再進行。

清洗底床的水也一起倒入的話，會成為混濁的原因。如果有可以瀝水的鏟子等就會很方便。底床過多或過少都很難處理，大約以高度3～5公分左右為宜。剛開始時只要配合底床包裝上記載的水族箱尺寸來購買即可。

加入適合水族箱的適量底床。

4 鋪平底床

美觀是當然的，但也要考慮重量平衡，把底床弄平。

使用去除青苔的工具或是三角尺，將底床弄平。除了可讓水族箱的重量負擔變得均等之外，對造景時的美觀也有幫助。如果水族箱擺放在較高位置的話，後方稍微做高一點比較容易觀賞。

注意避免刮傷玻璃面地進行。

5 底床完成

底床的量沒問題了嗎？加水之前要再做確認。

在這個時點，過多的底床要取出一些，若是太少就加以補足。等到器具的設置都完成後，再做這些動作就會變得很麻煩，所以這個時候就要先決定好。還有，要先觀測水族箱和擺放場所是否能承受得住重量，如果覺得不行的話，這個時候就不能加水。

高度3～5公分。整理得很漂亮的底床。

6 設置加熱器

在加水之前，絕對不可以插入插座。

設置加熱器和控溫器的感測器。這裡的注意重點在於，在加水之前，絕對不可以插入插座。還有，感測器和加熱器的設置場所要分開，如果太靠近的話，感測器會立刻感知加熱器的熱度，而使得整個水族箱的水溫被設定得較低。

在加水之前，絕對不可讓它啟動。

有吸盤的類型，可以利用吸盤來設置。

沒有吸盤的可以使用加熱器護套。

不可以想要隱藏加熱器而埋在底床中。

1 加熱器類要非常注意設置場所。

經常看到有人會將加熱器埋在砂礫之中，這樣不但效率不佳，也會造成加熱器故障，所以絕對不可這樣做。此外，控溫器的感測器和加熱器要儘量隔遠一點。

不可以將感測器和加熱器靠近設置。

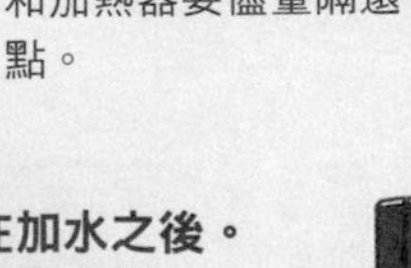

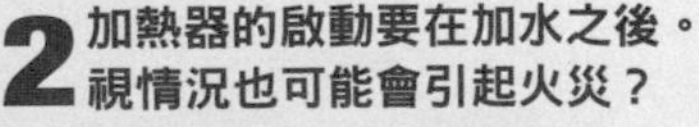

2 加熱器的啟動要在加水之後。視情況也可能會引起火災？

在加水之前，絕對不可以插入插座。加熱器一離開水會到達相當高的溫度，可以簡單地融掉塑膠製品等，也是造成火災的原因，千萬要小心。

燈沒有亮，表示加熱器在沒有啟動的狀態。

燈亮就是加熱器正在啟動的狀態。

7 擺置流木

配合想像來放置。可能需要先吐色。

　　流木可以做為魚隻不錯的隱蔽處，或是用來隱藏設置的過濾器濾網，讓造景顯得自然，因此不妨花點心思做出屬於自己的水族箱吧！如果在意流木吐色後會讓水族箱裡的水變黃，可以先進行吐色的作業。

可以用水桶等先泡水吐色後再使用。

請想像造景的完成圖來設置吧！

是不是跟想像中的一樣呢？不妨做做各種嘗試。

8 擺置石頭

在園藝店等也可購得。注意不要掉落，以免玻璃破裂。

　　雖說是石頭，也有各種不同的顏色和形狀。取得方法除了去熱帶魚店購買之外，園藝店等也有可以使用的石頭，不妨去找找看。也可以去河床等處採集。不管是從哪裡取得，都要確認對pH值是否有影響。

在水桶中泡水2～3天，檢測pH值。

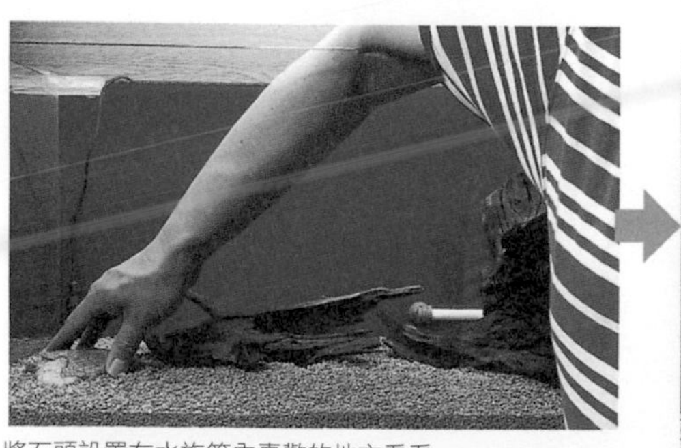

將石頭設置在水族箱內喜歡的地方看看。

好了，完成如你想像中的配置了嗎？

按照過濾器的說明書來進行。

只要用流木將器具隱藏起來，看起來就會很自然。

9 設置過濾器

採用配合過濾器種類的設置方法。

這次使用的是最近頗受歡迎的外掛式過濾器。這種過濾器只要掛在水族箱邊框就可以了，非常方便，維護上也很輕鬆，推薦給各位使用。只要充分用水清洗過後裝上濾材就可以設置了。這時若以流木隱藏吸水管，就能讓造景變得更加自然。

使用前要充分清洗後再裝上濾材。

Point!

1. 濾材的使用方法

使用上部式過濾器等時，在過濾器的下方要裝入多孔質濾材。多孔質濾材上有過濾細菌棲息，是將水族箱的水過濾成良好環境的重要物品。這個時候用網子包起來會比較方便。

大致清洗後再裝入網中。

2. 外部式過濾器的注意事項

設置馬達時必須注意，墊圈如果沒有完全安裝好，不但會成為漏水的原因，也會造成空氣進入而發出噗噗的聲音。此外，為了防止漏水，一定要將水管插入栓塞的最深處。每家廠商的施行方式可能不同，請注意。

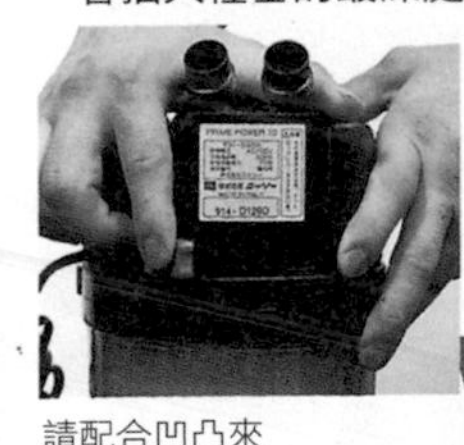

請配合凹凸來進行作業。

IN和OUT不要安裝錯了。

10 注水

在砂礫上放置盤子或塑膠袋來緩和水流，防止水變得白濁。

要用水桶或水管將水注入水族箱時，如果直接注入的話，會使得底砂揚起，讓水變得極度白濁。所以，要在砂礫上面放置盤子或是塑膠袋來緩和水流，就能防止水變得白濁。另外還有使用2根水管的方法，一邊抽掉混濁的水，一邊加以補足，就可立刻去除白濁。

也可以放一塊保麗龍再注水。

在底床鋪上稍大的塑膠袋後再注水。

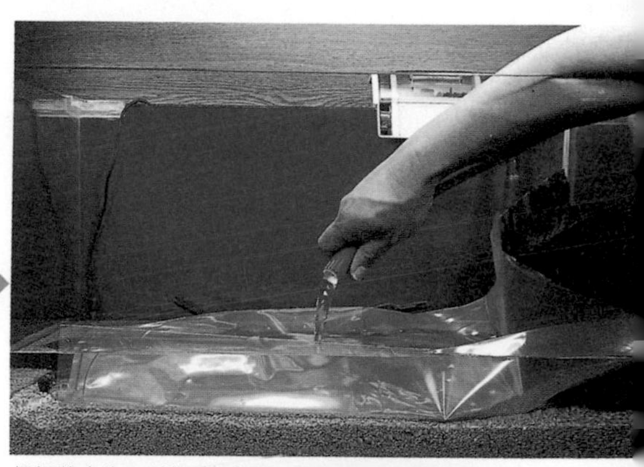
慢慢將水注入到塑膠袋上面，應該就不會有問題了！

11 設置完成

即使設置已經完成，也不可以立刻把魚放進去！

注水完成後，裝上照明器具，點燈看看。然後，讓所有的器具都啟動看看。過濾器的幫浦無法將水汲上來時，可用杯子等加水到過濾器中看看。只要水能夠往上汲，就算水量變小也沒關係。

接著要設置水溫計，剛開始將水溫設置在25℃左右。使用細菌之前，一定要用中和劑來中和氯。如果不先中和，就無法期待細菌的效果。而且，用中和劑將氯中和後，房間裡也不會瀰漫氯的氣味。

絕對不可以在這個時候把魚放入。請保持這個狀態讓水循環，直到作水完成。

水溫一升高就很容易蒸發，所以玻璃蓋要確實安裝好。

水族箱設置 FINISH!

設置完成。請保持這種狀態，至少等待1～2個禮拜。

STAGE 4 水草的選擇方法

選擇健康的水草，請店員好好地包裝

想要將飼養孔雀魚或日光燈時不可欠缺的水草栽培得漂亮，最重要的就是購買時要選擇健康的水草。此外，如果選擇錯誤的水草種類，可能會讓魚隻和水草雙方都培育失敗。

剛開始可以先詢問店家再做決定。應該可以得到中肯的建議。

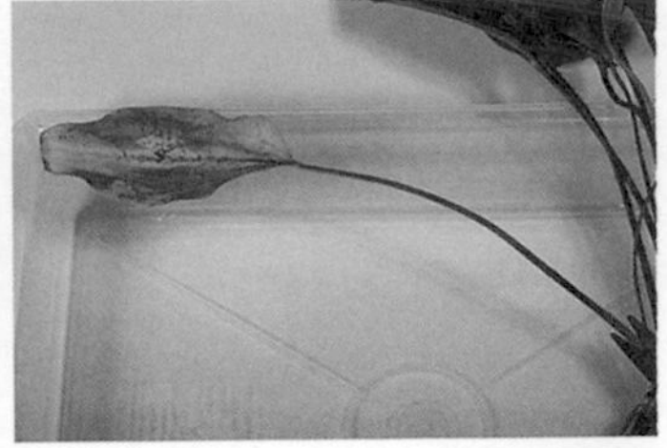

葉色已經變色的皇冠草類的葉子。種植前要將這樣的葉子剪除。事前準備也很重要。

日光燈和大部分的水草都能一起飼養。請選擇自己喜歡的水草吧！

水蕨類是適合孔雀魚飼養的水草。水草狀態的好壞，也是飼養環境是否完備的測量計。

重點是選擇新芽沒有損傷或是塌垮的水草。

商店販賣的水草不是水上葉就是水中葉，所以要先記住各別的選擇方法。除了部分罕見的水草之外，販賣的幾乎都是水上葉。選擇水上葉時，重點在於新芽不能有損傷或是塌垮的情形。

如果是在專門店購買的話，應該不會有這種情形，但還是要選擇根部沒有受傷的水草（根部伸出的水草或是強壯的水草）。如果是水中葉的種類，就要挑選有許多新芽、葉色漂亮的。

此外，選擇適合飼養魚隻水質的水草也很重要。雖然大部分的水草都沒有問題，不過還是詢問店家後，再購買合適的水草吧！

最好購買健康的水草，製作美麗的造景。悠游其間的熱帶魚們也都是美麗的魚兒。

告知到達設置場所所需的時間，請對方包裝。

好了，終於要購買水草了。因為購買的是活體，最好細心注意。熟知水草處理方法的店家在客人購買的時候，一定會使用報紙等包覆水草，細心地包裝。

即使統稱為包裝，方法卻是依照水草的種類而有所不同，是很重要的作業。還有，這在換水或是搬家等時候也可派上用場，學起來是不會有壞處的。

● ● ●

爪哇莫絲或鹿角苔等（包括部分容易受傷的有莖種，或是其他容易受傷的水草），要和購入熱帶魚時同樣地包裝；有莖種等要用濕報紙包起來，以免莖折斷損傷。

如果店家沒有這樣作業，而是直接將水草放入塑膠袋中的話，還是少買為妙吧！

還有，如果要花一段時間才能回到家時，不妨將時間告知店員，對方應該會有因應的包裝（加厚報紙、調整水分等等）才對。

如果能避免葉子受損地用濕報紙等包裹起來，就可以進行長時間的移動。

為了避免水分蒸發及碰撞到水草，會連同報紙一起包裝起來。

CHECK!

挑選水草的 3 要點

1 選擇適合魚隻的水草
2 配合自己的水族箱設置來選擇
3 看水草的狀態來選擇

STAGE 5

水草的準備

水草的洗淨和切除是漂亮栽培的重要作業

剛購入的水草不能直接種植，妥善的準備作業才能夠做出美麗的造景。在此，要為各位介紹各種水草的準備作業的方法。多加一點工夫，就是通往成功的秘訣。

雖然小葉子或是柔軟的葉子比較困難，但是大葉子請充分清洗。

剛購買的水草是這樣的狀態。不要直接放進水族箱中，先做準備作業吧！

充分清洗後，剪除多餘的葉子和根。害蟲也要去除。

水草的準備是非常重要的作業，有沒有做會對日後的栽培有很大的影響。如果在這個作業偷懶，之後可能會發生水草溶腐或枯死的情形。

因為大多數的水草都是進口商品，必須在植物防疫所接受檢查。因此，在出貨前會噴撒驅除害蟲的驅蟲劑。此時附著的藥劑可能會在葉子上留下白色的痕跡。

此外，如果是裝入網盆的水草，有時會在栽培棉中滲入藥劑，所以一定要拆除栽培棉後，再放入水族箱中。

附在葉子上的驅蟲劑要用流水清洗乾淨。這種驅蟲劑如果大量殘留的話，最壞的情況可能會讓魚蝦全部死光光。

水草很軟，很容易損傷。處理時要非常小心。

一定要檢查是否有害蟲或是貝類的卵等附著。

如果真的想連同塑膠網盆一起使用的話，最好避免剛進貨的盆草，等過了一段時間後再購入。

此外，水草上其實也會附著各種害蟲。尤其是貝類，只要有2～3隻侵入，隨即會大量發生，將水草吃個精光，非常麻煩。最好完全清除掉。這並不是困難的作業，請確實地實施吧！

有莖水草

有莖水草是根向地下擴張，莖向水面伸展的水草。
推薦給孔雀魚和日光燈的是水蓑衣屬的水草。

❶ 購入時的狀態

有莖水草有零售或是纏捲鉛帶成束販售的，或是以網盆販售等等，會以各種形式販售。不要直接種植，確實做好準備作業後再種植吧！

❷ 拆掉鉛帶清洗

纏著鉛帶直接種植的話，不但會妨礙水草的生長，也會造成水質惡化。所以，請避免損傷莖地仔細將鉛帶拆掉吧！拆掉後用流水清洗，然後去除貝類的卵和污垢。

❸ 剪掉多餘的葉子

將受損莖的部分剪掉，調整成喜愛的長度。調整的時候，最下面的葉子不要從基部剪掉，要領是留下一點點葉子地剪除。為什麼最下面的葉子要留下一點點呢？因為留下的部分會卡在底床，比較容易種植，而根也會從留下的部分長出來。

One Point! 網盆販售的水草的準備作業

考慮到長期培育，一定要將塑膠網盆拆掉。用剪刀在網盆上剪入，避免傷害到根部地慢慢拆除。仔細清洗乾淨，以免附在水草根部的栽培棉進入水族箱中。

❹ 完成

這樣就完成有莖水草的準備作業了。調整長度的時候要在節的部分做修剪，可以某種程度地防止枯萎或是溶腐。

其他的水草

簇生狀的水草或是羊齒類的水草等，要在清洗後剪掉多餘的根。還有，羊齒類根部的使用方法也要先記住。

❶ 購入時的狀態

羊齒類大多具有附生在流木或石頭等上的特性，因此是造景上經常使用的人氣水草。只要花點心思就可以有各種不同的使用方法。接下來要使用鐵皇冠來為各位介紹順序。如果是以塑膠網盆販售的，就先將網盆拿掉。

❷ 切除損傷的莖

損傷的葉子或是有羊齒病等的葉子要全部修剪掉。這個時候，一定要從基部切除；如果認為生病的部分只有一點點而放著不管的話，疾病就會擴散到全體，所以一定要剪掉，絕對不可以捨不得。

❸ 修剪根部

修剪根部，只留2～3公分。這樣做可以讓草體活性化，生長得更好。還有，有些人不使用剪刀，而是直接用手摘除，這樣做可能會連莖部都受到傷害，所以一定要用剪刀仔細地修剪。

❹ 完成

去除受傷的葉子後，雖然看起來量變少了，不過葉數很快就會增加。

One Point! 學會有益的再生利用術

老舊的莖雖然修剪掉了，不過不要丟棄，只要將剪下來的莖綁在流木等上面，經過一段時間就會長出新芽。

將爪哇莫絲綁在流木上

有些水草可以附生在流木或是石頭上。只要花點心思，就可以有各種不同的使用方法，擴大造景的範圍。

❶ 修剪爪哇莫絲

附生在流木上的水草，不僅可以製作更自然的造景，維護上也很輕鬆，非常好用。其中尤以爪哇莫絲更是絕佳的造景材料，在此為各位做介紹。可以直接將爪哇莫絲薄薄地直接覆上，不過剪細後再鋪上會附著得比較漂亮。

❷ 附著在流木上

將細剪的爪哇莫絲放入裝水的淺盤中，將流木放入，只要撈取般地往上拿起來，就會薄薄地覆蓋一層。這時，請注意要均等附著地進行。就算剛開始時做得不好，多做幾次應該就能抓到訣竅了。

❸ 用線纏捲在流木上

均勻地覆上薄薄一層爪哇莫絲後，用線纏捲在流木上。儘量細密地纏捲，就是漂亮完成的秘訣。這個時候，如果爪哇莫絲有形成厚重的部分，該部分就會枯萎，請注意。

❹ 完成

線纏捲好了，最後用流水沖掉多餘的爪哇莫絲就完成了。最近也可以買到很多已經附生在流木上的水草完成品，不過還是以自己製作的更能貼近自己的喜愛。

STAGE 6

水草的配置

要領是考慮水草的生長速度來做配置

來學習不會失敗的造景方法吧！水草依種類而異，有適合前景・中景・後景的水草，生長速度也不盡相同。記住這些事項來進行配置，就是製作美麗的造景水族箱的基本要領。

種植水草的水族箱已經設置完成了吧？接下來就該製作美麗的水草造景了。

一邊確認正確的栽種方法，一邊種植吧！

在還是新手的時候，不管是誰，對於初次前往店家所看到的美麗水草造景，大概都會心生嚮往吧！如此美好的水草造景世界，當然不是隨隨便便將喜歡的水草種下去就行的。既然魚隻是水族箱的主角，那麼選擇適合飼養魚隻的水草就很重要。

還有，如果沒有以正確的種植方法將水草種在適當的配置點，就無法做出美麗的造景。當買來的水草完成準備作業後，請確認水草的正確栽種法來進行種植。

One Point!

最後再確認一次水草是否適合自己的水族箱。

最後請再一次掌握自己的水族箱設備內容。例如照片中的60公分基本水族箱是不用CO_2套組，螢光燈採2燈式40瓦的。像這樣先記下來，再次確認所選的水草是否可以在此設備下栽培。

水草造景能夠保持美麗的水族箱，一定也能健康地飼養孔雀魚和日光燈。請先將水草栽培好，讓飼養魚隻的準備也萬無一失吧！

Point!

水草的掌握

1. 實際描繪造景的完成預想圖，以免失敗。

最好先在圖畫紙上描繪出完成預想圖，以製作想像圖。因為栽種失敗可能會傷到水草，最糟的情況則是枯死。最好要有和生物打交道的自覺，慎重地作業。而且，具體地畫出圖來，可以提高配置的完成度，加快作業的進度。

像這樣先描繪出完成預想圖。

2. 細心地種植，以免傷到水草。

種植水草時，要注意鑷子不要傷到莖。種植數量一多，就容易因為重覆相同的作業而感到厭煩，不過若是在這裡偷懶，就無法做出美麗的造景。如果是60公分的水族箱，並不會花費太多的時間，有耐性地進行就是製作美麗造景的訣竅。

細心地用鑷子種植預先整理過的水草。

確實地將破碎的葉子或根等不要的東西撈除。

簇生狀的水草要非常注意，以免傷到植物的根部。

水族箱造景 START!

1 造景前的水族箱

水草的準備作業完成後，就種植到水族箱中。

水族箱設置完成後經過一段時間，狀態就應該變好了吧！水的透明度提高，水質穩定，想必已經準備周全了。

此外，水草的準備作業也完成了，接下來就是要將水草種植到水族箱中。請記住P.112～113所寫的注意事項，開始進行造景吧！

水族箱應該已經成為可以種植水草的狀態了吧！

進行種植水草等的作業時，為了安全起見，請先切斷加熱器的電源。

即使是在水中，加熱器的溫度還是相當高。種植水草的時候要是碰觸到加熱器，還是會燙傷。要伸長手進入水族箱中進行作業時，建議先將加熱器的電源切斷。

2 種植中心水草

從做為後景中心（亞馬遜劍草等）的水草開始種植。

種植會長成大型的亞馬遜劍草，先將後景完成。亞馬遜劍草是可以做為造景中心的水草。

以製作好的造景想像圖為參考，逐漸植入水草。亞馬遜劍草等簇生狀的水草在植入時要注意不要弄壞植株的根部。

為了方便攝影，這次是將間隔縮短地栽種，但其實亞馬遜劍草是大型水草，考慮到生長狀態，原本應該要拉開間隔地種植。在進行水草造景時，必須要有先見之明的眼光。

這是種好做為中心植物的亞馬遜劍草的狀態。本來應該是再稍微拉開間隔會比較好。

3 種植側邊的水草

隱藏水族箱邊框地種植，讓造景呈現自然的感覺。

在後景的兩側邊種植水草。隱藏水族箱邊框地在兩側邊種植水草，可以讓造景顯得自然。某種程度地種植完成後，要拉開距離整體地檢視一下水族箱。一邊修整和想像不同的部分，一邊進行剩餘的作業。

如果可以使用水草隱藏加熱器或過濾器等器具類，那就更完美了。

根據水草的特性來改變種植的場所吧！

像扭蘭般生長快速的水草，很快就會長大而覆蓋水面，種植時連這些也要計算到才行。需要較多光量的水草，只要種植在螢光燈直接照射的地方就可以了。

在這次的造景中，右側種植了扭蘭，左側則種植了中柳。

在右側種植扭蘭的狀態。不要嫌麻煩，一株一株仔細地種植吧！

左側已經種好中柳，總算可以逐漸看出全貌了！

4 種植前景的水草

在水族箱前方的空間 要種植不會長得太高的水草。

如果在前景的空間種植較高的水草，魚隻就會失去游泳的空間，所以要種植被稱為前景草、不會長得太高的水草。這次是將迷你水蘭種植在各重點位置。此外，爪哇莫絲或是南美莫絲等的附生商品也可以在自然造景上輕易使用，是非常方便的品項。

5 種植重點裝飾的水草

水草有各種不同的顏色。 要注意別讓色彩變得單調了。

這裡是使用的是大血心蘭和青紅柳，當然也可以使用其他的水草。丁香蓼屬的水草也很漂亮，適合做為造景的重點裝飾。紅色系水草的使用方法比較困難，用太多的話會變成色彩濃艷的造景，最好做重點式的運用。說是紅色，也有淡色到深色等各種不同的紅色。

種植途中的模樣。也可以更進一步在前景仔細地植入矮珍珠等。

只要稍微重點式地種植紅色系水草，就能改變造景的印象。

Point!

水草的肥料有液體和固體 2 種。

水草的肥料大致分成固體和液體，可依水草的種類和狀態分別使用。固體肥料使用在以皇冠草為代表的簇生狀水草，液體肥料則可以使用在從莖伸出根的有莖種水草上。不同的廠商，肥料的成分也不一樣，要選擇比較均衡的產品比較好。剛開始時可以詢問店家。

形狀像米香的固體肥料。

這種固體肥料要使用在水草的根部。用鑷子埋在根的正下方。

5 造景完成

造景完成！不過要等到水質穩定後才能放入魚隻。

是否已經如你想像的完成造景了呢？不過，水草造景要等到某種程度穩定下來之後，才算是真正的完成。如果水過度白濁，也可以進行3分之1到2分之1左右的換水。等到水質穩定後才能放進魚隻。因為已經放入水草了，所以螢光燈也要開始點燈．關燈了。

One Point!

液體肥料每天一點一點地加入，會更具效果嗎？

只要依照說明書來使用，就不會有問題。不過液體肥料不要一次就加入規定的量，每天分幾次一點一點地加入，效果應該會比較好。

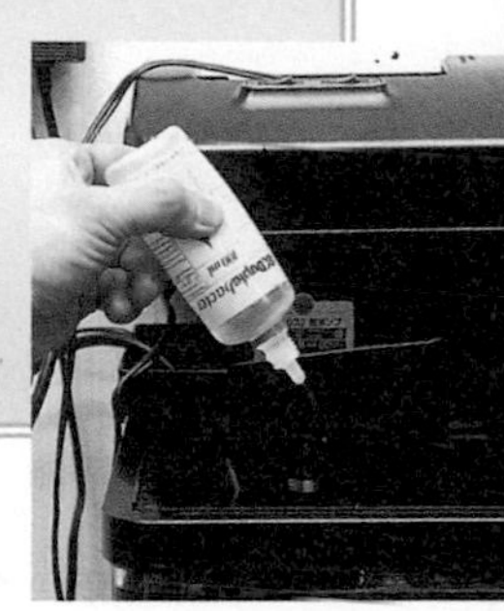

水族箱造景 FINISH!

全部植入完成後，讓水質穩定下來。

STAGE 7

魚隻的選擇方法和購入方法

檢查眼睛是否混濁、鰭和鰓有無受傷，以及整個水族箱

終於輪到水族箱的主角──魚兒們的上場了。自己也要好好地學習魚類的知識，然後向願意親切聆聽的店家諮商購買吧！為此，飼養者也必須先做準備，以便能確實告知水族箱的狀態和預算。

⬆➡孔雀魚有很多品種，挑選喜愛的魚隻也是一段快樂的時光。

能和良好的店家打交道是再好不過的事了。

選擇適合飼養魚隻的器具，正確地設置，然後購入合適的水草，造景也完成了。接著，當水質的狀態也變好之後，就可以購買魚隻了。

只是，這個時候如果購入生病的魚隻或是畸形的魚隻，那麼所有的辛苦就全白費了。而且，疾病如果感染到其他的魚隻，水族箱裡的魚甚至可能全部死光。

理想且正確的購入方法，就是「和良好的店家打交道」。筆者常去的店家不會販售剛進口、狀態不佳的魚隻，只販賣經過良好護理後的魚隻，而且只在這些魚中選出狀態良好的個體來販賣。

越是難以分辨魚隻狀態的新手，越是希望能和這樣的店家來往。大部分的店家，店員對熱帶魚都很了解，願意接受顧客的諮詢。比起前往各家不同的商店，還不如選定一家店經常光顧，和店員打好關係，好處應該也會比較多才對。

挑選日光燈時請觀察整個水族箱的狀態。如果在店裡的狀態很沉穩，應該就沒有問題吧！

店員應該會為顧客選擇狀態良好的魚隻。只要說出你喜歡的個體，請他撈取就可以了。

避免挑選水變得白濁或是死魚多的水族箱的魚。

首先要避免的是剛進口的個體。從遙遠的異國長途跋涉而來，雖是在所難免，不過剛進口的魚隻，狀態不佳的情形真的很多。此時不妨改天再去看看。大多數的店家都會做過護理後再販賣，屆時應該就沒有問題了。

還有，觀察整個水族箱也很重要。水呈白濁，或是底部有很多死魚的水族箱裡的魚也要避免購買。因為這樣會有感染病菌的危險性。

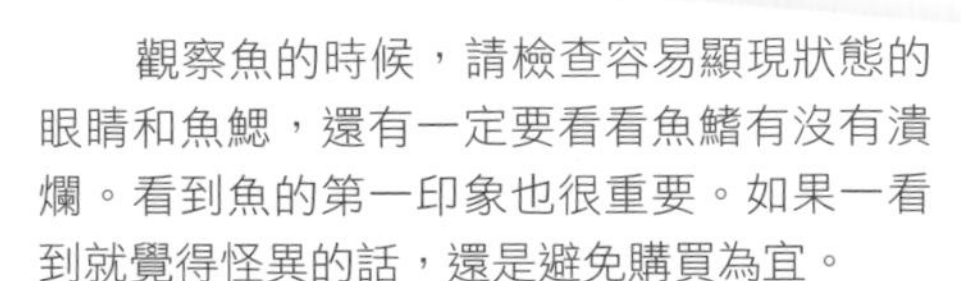

觀察魚的時候，請檢查容易顯現狀態的眼睛和魚鰓，還有一定要看看魚鰭有沒有潰爛。看到魚的第一印象也很重要。如果一看到就覺得怪異的話，還是避免購買為宜。

雖然寫了各種注意事項，但是前提還是要先懂得分辨狀態良好的魚隻，所以剛開始時委託給老手來選擇是最妥當的做法。重點還是希望各位能和良好的店家往來。先從選擇熱帶魚店家開始，這應該算是最正確的做法吧！

這隻魚應該沒問題吧？請試著確認看看。

要告訴對方到達家中所需的時間。

CHECK!

挑選魚隻的 4 要點

1 觀察游泳方式
2 觀察魚鰭和體表
3 觀察眼睛和魚鰓
4 觀察有無畸形

孔雀魚的選擇方法

擁有知識沒有損失。在向店家購入孔雀魚前，最好確認一下購買孔雀魚的注意要點。

首先要選擇外國產孔雀魚或日本產孔雀魚。

就如大家都知道的，雖然都稱為孔雀魚，卻有各式各樣的種類。大致可分成外國產孔雀魚和日本產孔雀魚兩種，其中大眾化且價格便宜的是外國產孔雀魚。當然價格便宜並不代表容易飼養，因此在購入外國產孔雀魚時必須更加注意。

購買外國產孔雀魚，要注意的是進口狀態。基本上，不購買剛進口的魚是不變的鐵則。雖然以前常見的進口狀態不佳的缺點已經改善了，不過還是購買有經過確實護理的孔雀魚比較安心。

此外，經過一段時間後，就會逐漸習慣當地的水質，所以放入自己的水族箱中，應該也會很快就變得充滿活力吧！

至於日本產孔雀魚，是由日本國內的繁殖者所做出的孔雀魚，所以進貨狀態良好，可以專心在選擇自己喜歡的個體上。因為是高品質的孔雀魚，飼養方面是適合新手的。了解外國產孔雀魚和日本產孔雀魚各自的優點和缺點後，再來做選擇吧！

狀態良好的孔雀魚會活潑地游動。還有要選擇年輕的魚。

要購入的魚隻所在的水族箱內有沒有生病的魚等等，就是首先要做的最低限度的檢查。孔雀魚的游泳方式也要注意，如果水族箱裡有其他浮著或是貼在底部的魚，就要避免購買。孔雀魚是非常喜歡游動的魚。如果充滿活力地在水族箱內游動，健康方面大概就沒有問題。

最好購買活潑地在水族箱中游來游去的年輕個體。

如果一靠近水族箱，孔雀魚就誤以為是餵食時間而啪地全靠過來，或是雄魚活潑地追著雌魚游來游去，就可以視為是狀態非常良好。

必須注意的是，大多數的新手都想要購買成魚。孔雀魚最大的特徵及魅力，大概就是牠大大的尾鰭吧！因此，新手往往傾向於購買已經相當成長、尾鰭大的成魚。

選擇腹部鼓起的健康雌魚吧！

因為想要如此美麗的孔雀魚而開始飼養，這是無可厚非的事，不過孔雀魚的壽命並不是太長，所以購入成魚的話，不僅飼養的時間會縮短，生殖能力也可能已經衰退了。可以的話，最好選擇從現在起尾鰭應該就會漸漸變美的年輕個體。

還有，雌魚最好選擇腹部鼓起的健康個體。剛開始很難辨識雌魚的品種，不妨就交給店員處理吧！

緞帶型的孔雀魚是以3隻為一組販售的。

緞帶型和燕尾型是適合上級者的孔雀魚。

生殖器伸長的孔雀魚雄魚，其生殖能力是很低的。因此，會和擁有緞帶或燕尾基因的雌魚及一般的雄魚，以3隻一組的方式販售。如果沒有稍微研究過遺傳學，想要維持系統是很困難的，可以說是適合上級者的魚種。

想要享受繁殖孔雀魚的樂趣，一定要成對購入。

CASE 2

日光燈的選擇方法

大小和體力成正比，因此最好避免購入小尺寸的魚。觀察眼睛和魚鰓，辨識有無畸形或疾病。

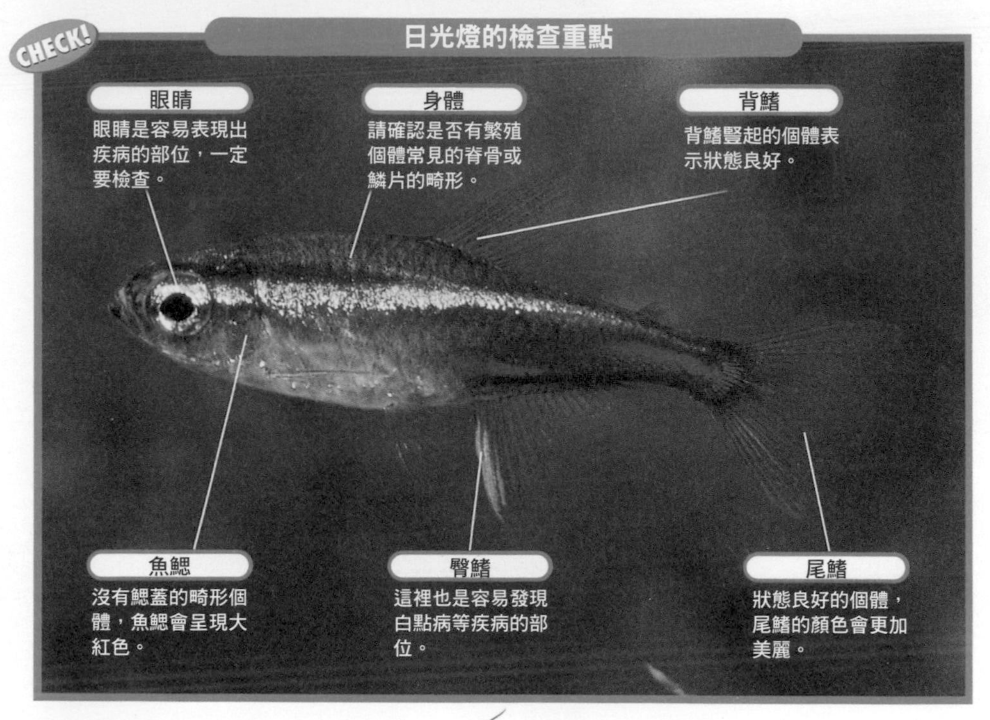

身體的大小和體力有直接關係，所以要挑選較大的尺寸。

商店裡大部分的日光燈都是在香港養殖的繁殖個體，所以進貨的個體群大小都很齊全，可以選擇S．M．L尺寸等自己喜歡的大小。

不過，身體的大小會直接關係到體力，所以剛開始時，最好避免挑選S尺寸的。還有，在水族箱設備尚未穩定的時期，購入小型個體，可能會讓水族箱內的魚隻在不知不覺中逐漸減少。雖然價錢可能稍貴一點，不過購買死亡率低、有體力的尺寸，就結果而言應該是比較有利的。

此外，要避免剛進口的個體，最好選擇經過店家護理後的穩定個體。尤其是少見的進口野生燈魚這類當地採集的個體更是必須注意。

輕易地購入未經護理的個體，最壞的結果可能會造成正在飼養的燈魚全部死亡。購買在店家處已經穩定且活潑游動的個體是最好的。

在水族箱設置到購入的這段期間，不妨預先到店家察看魚隻。

最好購買不削瘦、狀態良好的個體。如果整個水族箱的日光燈都很活潑地游動，那是最好的。

紅黃金日光燈要注意進口狀態。

紅蓮燈有不耐搬動的一面。

小型種的綠蓮燈最好選擇非常穩定的個體。

像日光燈之類的繁殖個體畸形較多，必須注意。

要充分玩賞日光燈的魅力，最好以10隻為單位地讓牠們群泳。因此，在店家購入時不妨就10～20隻地購買吧！因為是從數百隻中撈取的，很難一隻一隻地挑選，所以觀察整個水族箱就很重要了。

請先觀察水族箱的整體狀態。水呈白濁的水族箱，裡面的魚通常狀態不佳，最好避免購買。尤其是裡面如果有死亡的魚隻，更是絕對不要購買。

另外，如果發現水族箱中有生病的魚，也不要購買該水族箱裡的魚。因為即使購買的魚隻沒有出現症狀，擁有病原菌的危險性仍然很高，水族箱移動等的水質變化或是壓力等都會提高發病率。

辨識病魚的方法，首先要觀察眼睛。眼睛很容易出現病狀，狀態不好的個體眼睛會呈現白濁。在白點病或胡椒病等的初期階段，即使不容易從身體發現疾病，從眼睛或尾鰭還是能夠輕易發現的。

最後要注意的是，像日光燈之類的繁殖個體經常會出現畸形。脊椎等的畸形從外觀上可輕易發現，不過最近常見的是魚鰓的畸形。魚鰓較短的魚隻等，因為魚鰓看起來會呈紅色，應該很容易就能發現吧！

STAGE 8

將魚放進水族箱中
花點時間慢慢地進行。沒有溫差後才能放進去

要將魚放入水族箱之前，有件必須做的事。那就是對水。人類也一樣，如果從溫暖的南國突然被帶到冬天的日本，身體狀況一定會崩壞。所以必須逐漸地幫魚隻調整水溫和水質。

絕對不可以將剛買回來的魚一下子就放進水族箱中。花點時間好好地對水吧！

器材的選擇和設置也是為了避免水溫和水質的急遽變化。

飼養熱帶魚時最忌諱的就是水溫和水質的急遽變化。之前的器材選擇和正確的設置，也都是為了避免水溫或水質的突然改變。

尤其是要移動到不同水質的水族箱時，更是要注意。突然被放進不同的環境，這種狀況不是魚隻所能承受的。好不容易準備到這個地步了，還是確實地進行對水後，再將魚放進水族箱，以免在最後階段失敗吧！

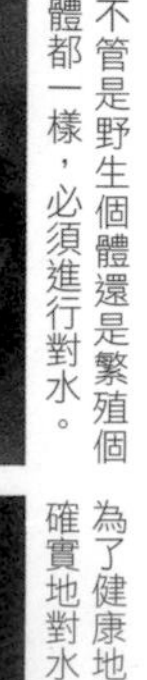

不管是野生個體還是繁殖個體都一樣，必須進行對水。

為了健康地飼養，要確實地對水。

將魚隻連同塑膠袋浮在水族箱中 15 ～ 30 分鐘左右。

將買回家的魚立刻放進水族箱中是非常危險的。為了要慢慢地調整水溫，請將魚隻連同塑膠袋浮在水族箱中約15～30分鐘，讓兩邊的水溫相同。如果能檢查看看是否已經變成相同水溫，那就更好了。

等到水溫變成相同後，為了要慢慢地調整水質，要將水族箱的水一點一點地加進塑膠袋中。這一連串的步驟就稱為對水。是避免讓魚隻休克的重要對策。

將水族箱的水少量地加入塑膠袋後，稍微等一下，然後再次加水，再等待一下——反覆這樣做，等魚習慣水質後，就準備將魚放進水族箱中。不要一下子就把魚倒入水族箱裡，而是要將塑膠袋口打開，橫向浮在水面上。若是魚自己游出到水族箱中，可以讓休克的風險更為降低，這樣是最好的。一次購買好幾種魚時，因為對水很花時間，所以也可以將好幾袋一起浮在水族箱中進行。

終於到了將魚放進水族箱的時刻了。真是緊張的瞬間。

等魚穩定下來後才開始餵餌。請耐心等待。

新手在這時常犯的錯誤，就是餵食還沒有穩定下來的魚。吃不完的飼料太多，在過濾細菌尚未好好活動的新水族箱中會成為水質惡化的原因。請觀察魚隻的狀態後，慢慢地給予。

水族箱完成了。應該和想像中的一樣吧？總算要開始飼養熱帶魚了。

有美麗的腹鰭和臀鰭的孔雀魚。

Q 將水族箱整個清洗過後，魚隻全部死光了。為什麼？

A 人類眼中的清潔，對魚隻來說卻未必是好的環境。好不容易已經是易於居住的環境了，卻因為將水族箱整個清洗而導致魚隻全部死光，這是新手常見的失敗。因為就如在本書水族箱的設置（P.98～）中介紹的一樣，整個清洗水族箱，會讓水族箱裡的環境回到原點。

因此，清洗水族箱的時候，要先用水桶等留下水族箱中約3分之1的水，加入新設置好的水族箱中；或是將過濾器留待改天清洗，以避免水族箱內的環境急遽出現變化。

不管是最初設置水族箱時、將購買的魚放進水族箱時，或是換水、清洗水族箱時，都要極力避免環境的變化——這就是飼養熱帶魚的訣竅。

身上的紅色非常漂亮的紅黃金日光燈。

Q 因為旅行而好幾天不在家時，餵食方面該怎麼辦才好？

A 近來，為了不定期工作的人們，市面上推出了附有定時器的方便物品。例如螢光燈的開關等，只要設置好定時器，就會依照時間開燈或關燈，是不是很方便呢？此外，餵食也可以用定時器給予，不妨去店家找找看。

不過，如果無法對應不在家時的問題，有時候什麼都不要做反而會比較好。例如，當不在家時，萬一有幾條魚死掉了，定時器設定的飼料卻還是會給予死掉魚隻的分量；如此一來飼料就會殘留，招致水質惡化，最糟的情況恐怕是全部死光。

◆　◆　◆

順便一提筆者的做法給各位參考。如果要離家超過1個禮拜時，若是無法託人照顧的話，我就在關掉螢光燈的狀態下，什麼都不做。

很多種類的魚即使幾天不吃東西也不會有問題。水草之類雖然可能會溶腐掉一些，不過只要不是稚魚或是很難飼養的魚，藉著之後的護理通常就能恢復原本的狀態，結果大多是好的。

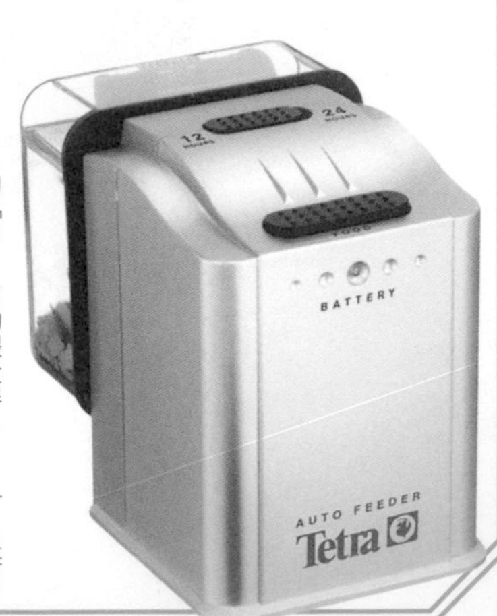

Tetra-Japan的「Tetra自動餵食器AF-3」，是可代辦每天的餵食和不在家時的餵食的自動給餌器。可以配合水族箱的形狀輕易地安裝。

PART 4

孔雀魚&
日光燈的

水族箱維護法

水族箱從現在開始正式演出。
每天檢查魚隻的健康狀態、餵餌、定期性的水族箱換水、
清除青苔、疾病的因應，還有飼養孔雀魚一定要體驗的繁殖
等等，要做的事情有很多。
本章要針對這些可能發生的問題，
為各位解說最適當的處理方法。

STAGE 1

飼養熱帶魚究竟是怎麼一回事？

從每天的餵餌到繁殖，層面非常廣

把孔雀魚或日光燈放入水族箱後，若是只讓牠們活了短暫的時間，那樣當然不算是好好飼養。長期保持在良好的狀態，才稱得上是飼養熱帶魚。因此，請確實做好日常管理吧！

真想徹底地享受飼養孔雀魚和日光燈的樂趣！為此，就要確實進行日常管理。

孔雀魚＆日光燈，每天的管理從觀察開始。

開始飼養的孔雀魚或日光燈應該已經活潑地在水族箱中游來游去了吧！因為已經確實地做準備了，應該不會有問題吧！健康的魚兒們在美麗造景的水族箱中悠游，那光景就宛如作夢一般，之前的辛苦大概也都煙消雲散了。想必只要一有空，就會去看看水族箱吧！其實，這正是飼養熱帶魚時非常重要的事，因為日常管理的基本就是從這樣的觀察開始的。

孔雀魚的狀態還好吧？請每天檢查狀態。

日光燈的飼養數量應該不少吧！檢查時更是要仔細。

熱帶魚的日常管理

每天的健康檢查

眼睛、背鰭、魚鰓、尾鰭、身體等，請經常掌握飼養魚隻的體況以預防疾病等。如果是孔雀魚，活潑地追著雌魚到處游來游去的雄魚，大致上是可讓人安心的。如果是日光燈，只要觀察整個群體，自然能發現狀態不佳的個體。

青苔對策

當飼養數量過多，或是過濾器容量太小，水族箱整體的平衡失調時，就很容易發生青苔。首先要調整平衡。發生的青苔可以採取讓大和沼蝦等吃掉的生物性對策，和使用刷子等刷掉的人為性對策。

疾病和突發事故

疾病的發生是因為水族箱的環境變惡劣了。一旦生病，就很難完全治癒。將新的魚隻放進水族箱時，特別需要注意。不要怠於日常的檢查，以期就算罹病了也能早期發現。

餵餌

飼料大致分成3種類型。活餌、人工飼料，還有冷凍飼料。給予的方法，一般適當的做法是早晚一天2次。早上開燈1～2個小時，等魚清醒之後給予。晚上也一樣，餐後2～3個小時關燈。必須注意吃太多的問題。

換水和過濾器的洗淨

不換水就無法飼養熱帶魚。換水是非常重要的事，不過太常換水並不代表就是好的。在熟練之前，60公分的水族箱每1～2個禮拜換一次，約換掉全部水量的3分之1～2分之1。一點一點地逐漸掌握時機。

繁殖

就像有人認為飼養熱帶魚的最大喜悅在於繁殖一般，繁殖正是展現飼養者本事的地方。尤其是孔雀魚，如果只考慮繁殖，其實不會太困難。稚魚也很容易飼養。日光燈的繁殖則是因為稚魚太小，所以相當困難。

STAGE 2

每天的檢查重點

檢查照明的開關、水溫、過濾器、魚隻等

當喜歡的孔雀魚或日光燈等熱帶魚開始在自己的水族箱裡游動的那一刻起，就是真正意義上的熱帶魚飼養了。每天進行水族箱管理是非常重要的，這是熱帶魚飼養的基本，也會逐漸變成經驗。

小魚會不會被大魚欺負？等等也是要確認的事。平常就要仔細觀察。

飼養器具都有正常運轉嗎？檢查一下吧！

早上打開照明後，就要檢查水溫是否為適當溫度。

雖然可以依自己的形式進行日常管理，但如果你是新手的話，在養成日常管理的習慣前，最好依照右表（P.131）所示的步驟來進行。

第一件要做的就是打開照明。當然是早上開燈，晚上關燈，而一天的照明時間大約以12～14個小時為宜。開燈時間太長會使得青苔變多，變成難看的水族箱，維護上也很辛苦。

因此，如果是工作時間較不固定的人，建議設置市面上販賣的定時器。

早上開燈後，必須做的事情很多。首先是檢查水溫是否為適當溫度。

水溫如果為適當溫度，就表示控溫器或加熱器這些保溫器具應該有在正常運作。最好也養成檢查保溫器具的習慣。為了預防萬一，準備備用的保溫器具比較讓人安心。在壞掉之前就加以更換，應該更好吧！

CHECK!

檢查重點

	一日的檢查
早上	1 照明開燈
	2 檢查水溫和保溫器具
	3 檢查過濾器
	4 餵食
	5 檢查魚隻健康
夜晚	1 檢查水溫和保溫器具
	2 檢查過濾器
	3 餵食
	4 檢查魚隻健康
	5 照明關燈

日常的檢查

餵餌時最好也要檢查魚隻的狀態。

接下來，檢查過濾器是否正常運轉也很重要。過濾器一旦停止，急遽的水質惡化會讓魚隻的狀態變得相當惡劣。

現在的過濾器都是相當高性能的，應該不會有故障的情形，不過接下來水族箱可能會漸漸增加，所以先準備預備用的過濾器也是可以的。

上部式過濾器等使用幫浦的過濾器可能會發生幫浦突然停止，或是發出巨大聲音後壞掉的情形，預先準備備用的幫浦，比較讓人安心。

餵餌要在照明開燈1～2個小時後進行，可以在這個時候檢查魚隻的狀態。因為趕時間所以一開燈就馬上餵餌的話，會使得進食狀況不佳，殘餌也會變多，造成青苔的發生或是水質惡化。狀態不好的魚當然也吃得不多。為了預防疾病，最好確實地掌握健康狀態。

晚上要做的功課也大致相同，最重要的還是觀察魚隻這件事。

觀察熱帶魚的顏色或泳姿，以了解魚隻狀態。

魚隻能夠活得健康，是飼養者管理的結果。辛苦一定會有回報的。

不只是熱帶魚，水草的狀態最好也要仔細觀察。

孔雀魚的檢查重點

請了解飼養魚隻的特徵，努力預防問題的發生吧！為此，充分了解孔雀魚是非常重要的。

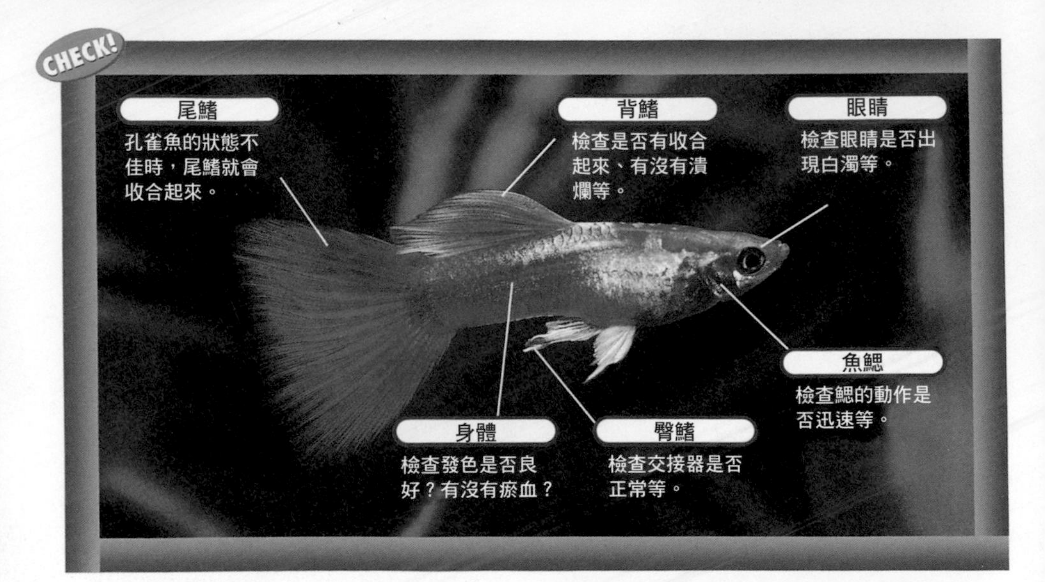

孔雀魚在高水溫時容易生病，必須注意。

在日常管理中，觀察魚隻這件事是非常重要的。最好掌握飼養魚隻的狀態，以預防疾病等危機。這裡介紹的是孔雀魚的檢查重點。

基本上，會活潑地追著雌魚跑的雄魚應該是沒有問題的。孔雀魚的雄魚不是在找食物就是在找雌魚——這麼說也並不為過。雌魚也是一樣，如果被雄魚追得到處游動，應該就沒有問題；反之，如果有不太游動、尾鰭呈收合狀態的魚，就必須注意。

孔雀魚在高水溫時容易生病，所以要避免讓水溫上升到30℃以上。請使用水溫計，注意水溫上升。

觀察雌魚的腹部，檢查有沒有懷孕。

孔雀魚的雌魚還要檢查懷孕狀態。

孔雀魚的雌魚隨著產子的時間接近，腹部會漸漸膨起，魚鰾的後部會發黑；在即將產子時，應該就能辨識出稚魚的眼睛等。這個時候最好把雌魚移到產卵箱中。

日光燈的檢查重點

日光燈是小型、很會游泳的品種，所以要有耐性、慢慢地觀察，充分掌握魚隻的狀態。

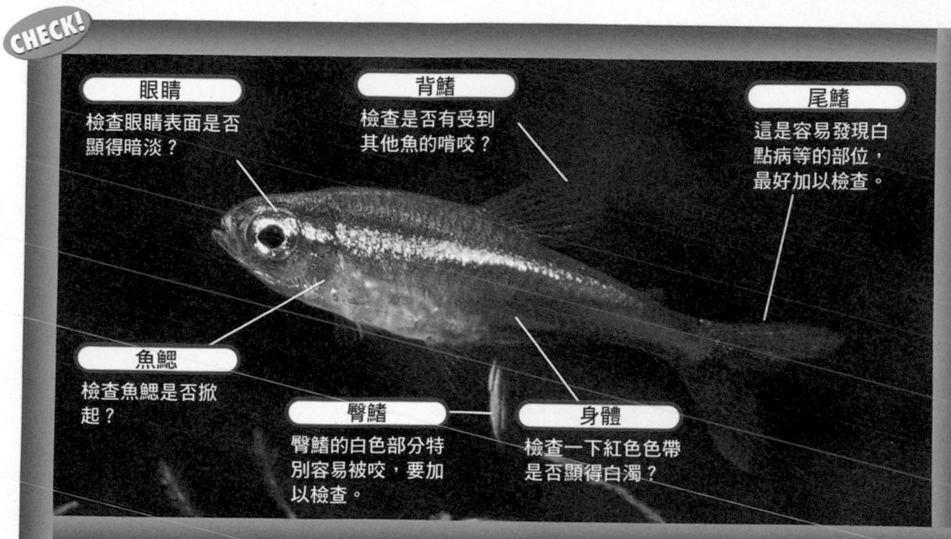

觀察日光燈群體，就很容易察覺狀態不好的魚。

觀察日光燈時，要先從整個群體來看。只要觀察魚群，自然會看到狀態不好的個體。日光燈只要是活潑地群泳就沒有問題。如果有脫離群體，不太游動的魚隻，就必須檢查。

單獨個體的檢查重點是要檢查身體的紅色色帶。狀態不好的個體，紅色色帶大多顯得白濁，生病的可能性很高。

還有，觀察日光燈透明的魚鰭，也可以發現難以從身體上察覺的小疾病。尤其是能夠早期發現白點病或胡椒病。這些病只要能及早發現，完全治癒的機率就會提高，所以一定要仔細檢查。

觀察整個魚群，找出狀態不好的個體吧！

不要讓生病的魚隻出現是最好的。

日光燈的紅色色帶是有透明感的紅色，不過當狀態不好或是生病時，透明感就會消失，變得白濁。平日就要仔細觀察，避免忽略疾病的訊號，儘早進行隔離和治療。

STAGE 3

餌料的種類和給予方法

孔雀魚和日光燈喜歡的餌料是不同的

對人類來說，每天的飲食非常重要，是不可或缺的東西。對孔雀魚和日光燈來說也一樣，飼養者所給予的餌料就是其重要的飲食。所以，必須均衡地給予適當的餌料。

掌握水族箱的魚隻數量等，以經驗來決定餵餌的時間和分量。

雜食性的魚對食物的適應能力強，容易飼養。

首先必須了解飼養魚隻的食性。食性大致分成動物食性、草食性、雜食性等3種。在動物食性中，從被稱為肉食性魚等會補食小魚的魚，到捕食幼蝦等小動物的魚，有各種各樣的魚。

接著是草食性魚。雖說是草食性，只是以草為主食而已，並不是不吃其他的食物。所以，大多數的魚都可以說是雜食性的。雜食性的魚，對食物的適應能力也強，可以說是最容易飼養的。

商店裡有賣很多餌料。請先了解飼養魚隻的食性吧！

剛開始時，最好詢問店家再做決定。

避免過度餵食。以免破壞體型，水族箱也會髒污。

給予熱帶魚的餌料種類，大致上可以分成活餌、人工飼料、冷凍飼料等3種。最近要獲得活餌比較困難，不過進步的人工飼料有營養均衡的優點，僅用人工飼料也可充分飼養，非常方便。

此外，也可見到冷凍乾燥的飼料等，也可以使用看看哦！

一般餵食是採早晚共2次給予的方法，這也是最適當的做法。早上打開照明約1～2個小時後，讓魚完全清醒再餵食。還沒有清醒就餵食的話，會造成食物殘留的狀態，水也會變髒，並不是好事。

夜晚餵食後立刻關燈對消化不好，所以最好等用餐後經過2～3個小時再關燈。這幾個小時也要好好好利用，因為這個時候是最適合檢查魚隻狀態的。

此外，也要注意避免過度餵食。這樣不但會破壞魚隻的體型，也是造成水族箱青苔變多的原因。和人類一樣，8分飽剛剛好。

飼養鼠魚時，最好準備專用的餌料。

CHECK!

挑選和給予餌料的 3 要點

1 選擇適合魚隻食性的餌料
2 均衡地給予
3 餌料不可過度給予

均衡地給予餌料。給得過多，對魚隻和水族箱都不好。

孔雀魚經常會有雄魚追著雌魚跑或是尋找食物的情況，將餌料分成數次頻繁給予應該是最好的。

飼養孔雀魚時

適合孔雀魚的餌料是豐年蝦的幼蝦。

最近，市面上推出了營養價值非常高且均衡的人工飼料，只要使用這些就可以飼養得很好；不過最適合孔雀魚的餌料大概還是豐年蝦的幼蝦吧！考慮到稚魚出生時的情況，能夠早晚準備豐年蝦是最好的。

豐年蝦的幼蝦是將約含3%鹽分的水，在大約25～28℃的溫度下加以打氣育成的。鹽分濃度和水溫會依卵而多少有些不同，所以要一點一點地改變，以找出最佳孵化率的設定。

孔雀魚經常會有雄魚追著雌魚跑或是尋找食物的情況，如果可以的話，將餌料分成數次頻繁餵食是最好的。不過，如果要上班或上學的話，大概沒有辦法這樣做，所以不妨分成早晚2次餵食。

	種類	給予方式
活餌	  豐年蝦是小型動物食性的魚或是稚魚用的餌料。K	活餌是可以的話一天要給予2次，最少一個禮拜也要給予數次的食物。一點一點地給予，以免被吸進過濾器中。
人工飼料	   混合各種材料，人工製成的餌料。左C，右K	基本上是可以做為主食的餌料。注意點是要購買小包裝，儘快使用完畢，以免飼料氧化。
冷凍飼料	 不管是從購買面或是保存面來看，冷凍飼料都是經常用到的餌料。C	冷凍紅蟲有塊狀型和片狀型等，不過塊狀型在一點一點給予的時候比較方便，建議使用。

商品經銷處／C：Kyorin　K：Tetra-Japan　N：日本動物藥品

燈魚的同類大多是餵多少就吃多少的魚，請注意避免餵食太多。

飼養日光燈時

給多少就會吃多少，要注意避免餵食太多。

日光燈基本上用人工飼料就能飼養得很好，也不挑食，不管什麼餌料都很會吃。可以的話，不妨交互給予複數的人工飼料，偶爾給予豐年蝦幼蝦等活餌，均衡地餵食。

餵餌的次數，還是早晚2次就可以了。如果一天只餵傍晚1次的話，就要給得多一些；如果是分早晚2次，就每次都給少量即可。

包含日光燈在內的燈魚同類，大多是餵多少就吃多少的魚，所以要充分注意避免給得太多。肥胖不只會造成體型變形，甚至有魚因為吃太多而造成胃袋爆破。最好能適量給予，以保持良好的體型。

種類		給予方式
活餌	 營養價值高，最好購入後就開始使用。N	過度給予會讓日光燈肥胖，所以飼養者必須省著點餵食。給牠們吃8分飽就剛剛好。
人工飼料	 即使只餵食這種飼料也能飼養得很好，非常方便。左C，右K	做為飼養日光燈的主要食物，可以早晚各少量地給予。經常準備2種左右的飼料更好。
冷凍飼料	 將活餌冷凍而成的飼料，最常使用的是冷凍紅蟲。C	如果不容易購得活餌的話，有時候也可以給予。要注意的是，如果只給予冷凍紅蟲，會造成營養不均衡。

STAGE 4

青苔的發生和對策

換水是必需的。飼養吃青苔的魚也有效

將煞費苦心做了美麗造景的水族箱破壞殆盡的元凶就是青苔。一旦發生，就必須迅速去除。不過事實卻是，不管是青苔還是疾病都一樣，等察覺發生就已經太遲了。所以發生之前的預防才是最重要的。

水族箱的玻璃面一旦發生青苔，用心造景的水族箱就會遭到破壞。最好迅速去除。

青苔一旦發生，想要去除是很辛苦的，所以最好調整成不會發生的環境。

再也沒有比時常換水更好的青苔對策了！

只要飼養熱帶魚，可以說幾乎一定會發生青苔。如此棘手的青苔一旦發生，煞費苦心的美麗造景，還有裡面的魚隻全都會變得無法觀賞，真的很傷腦筋。

所以，首先必須記住的是，青苔會在怎樣的時候發生？大多是當右表的主要原因重疊時，就會造成青苔發生。

比較常犯的錯誤大概是照明時間過長，或是照到了直射陽光吧！最需要注意的是，因為飼養太多的魚，給予的餌料和排泄物也會跟著變多。青苔發生的最大原因是水族箱內的優養化，所以減少飼養數量也是一個方法。此外，如果有對水草施肥的話，可暫停一段時間看看。

而能一口氣解決這些問題的，還是時常換水。雖然是基本作業，卻沒有比它更好的方法了。

CHECK! 青苔發生的 7 要點

1. 螢光燈的照明時間過長
2. 怠於換水
3. 過濾能力低下
4. 砂礫沒有除泥
5. 飼養的魚隻數量太多
6. 過度餵餌
7. 水草肥料放太多

可以飼養會吃青苔的魚。

就如「未雨綢繆」這句話一樣，利用可愛生物的青苔對策。

青苔大多是因為整個水族箱的平衡破壞了才會發生。例如，相對於水族箱設備的飼養數量太多，或是過濾器的容量太小等等。請先從調整水族箱的平衡開始吧！

前面曾經説過，最重要的是在青苔發生之前先做預防，因此也可以使用生物來預防大量發生。

因為在自然界中，以植物性的東西（青苔等）做為營養來源維持生命的生物有很多，所以我們可以借用牠們的力量來消除青苔。如果是可愛的生物，那更是一石二鳥。也就是飼養可愛的魚，並請牠消除青苔。

青苔對策物品

⬆磁力刷。用來除去附在水族箱玻璃面上的藻類。A

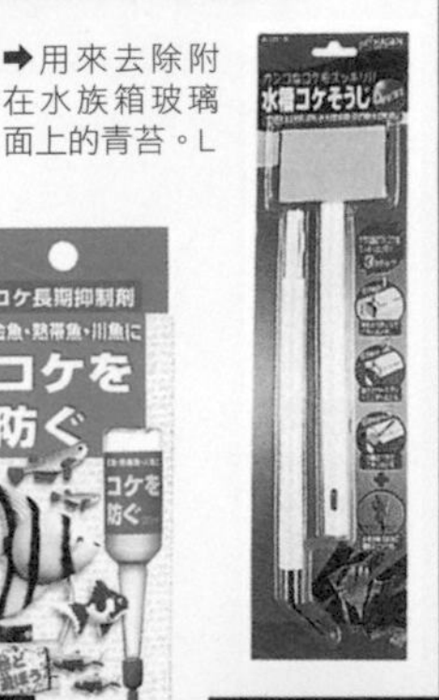

➡用來去除附在水族箱玻璃面上的青苔。L

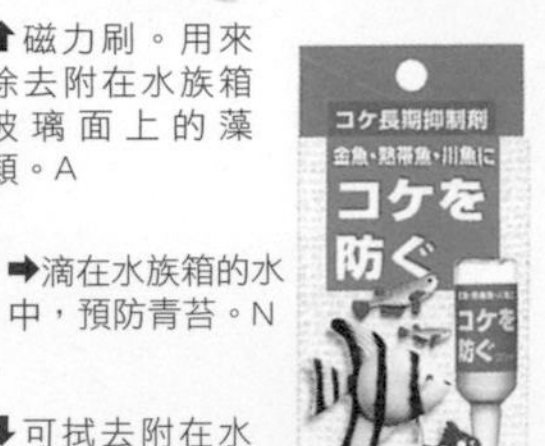

➡滴在水族箱的水中，預防青苔。N

⬇可拭去附在水族箱玻璃面上的青苔等。G

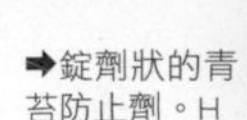
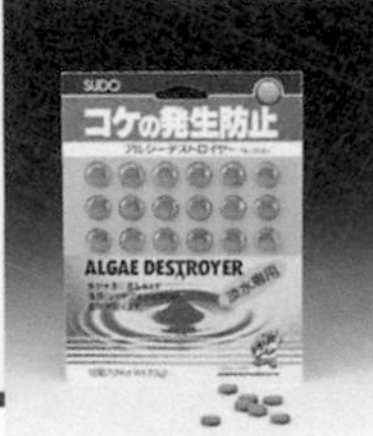

➡錠劑狀的青苔防止劑。H

清除青苔，以小精靈的同類和大和沼蝦最適合。

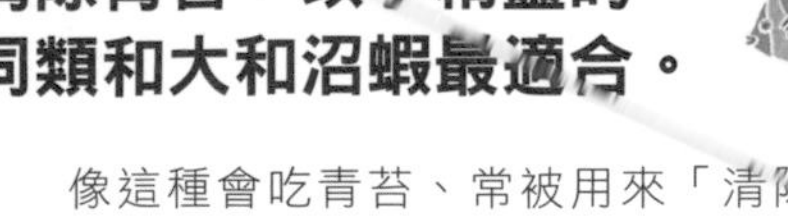

像這種會吃青苔、常被用來「清除青苔」的生物中，最大眾化的大概是小精靈的同類和大和沼蝦吧！牠們會吃發生在玻璃面或水草上的初期階段的青苔，所以能夠有效預防青苔。

只要在水族箱中飼養5到10隻左右，就可以看到成果。因為這些生物都不太顯眼，所以也不會搶奪水族箱內主要魚隻的光采。

此外，黑茉莉或鉛筆魚也都是會吃青苔的熱帶魚。只要能夠和飼養的魚隻混養，不妨也試著投入看看。

石蜑螺等貝類也會吃青苔。不過，石蜑螺等之外、其他附在水草上的貝類可能會異常滋生，所以請不要將這些貝類放進水族箱中。

●商品經銷處／A：Aqua Design Amano G：水作 H：SUDO L：TRIO CORPORATION N：日本動物藥品

在變成這樣之前，好好地思考對策吧！

水族箱面的青苔要勤加去除。

青苔的種類和對策

要解決水族箱大敵的青苔，方法有人為處理法和生物處理法兩種。利用會吃青苔的魚，或是使用去除青苔的便利物品，有效地去除青苔吧！

斑點狀青苔

附在玻璃面上的斑點狀青苔。

小精靈是最適合的。

人為對策

如果是在玻璃面上，使用海綿等擦拭就能去除。如果是壓克力水族箱，就要使用壓克力專用的不會造成刮傷的海綿等拭去。

在到處長滿青苔之前，先讓牠們吃掉吧！

生物對策

小精靈或石蜑螺等貝類很會吃這類青苔。不過必須有某種程度的隻數。60公分的水族箱最少需要5隻。

水綿

附在水草上，像頭髮般的青苔就是水綿。

人為對策

這是在設置不久後比較容易出現的青苔。可以用牙刷等纏捲加以去除，不過這樣無法完全去除乾淨，所以還是要勤於換水。

生物對策

蝦子或小精靈、鉛筆魚等，會吃這類青苔的生物有很多。其中尤以蝦子最有效，一下子就清潔溜溜了。

只要飼養蝦類，大概就不會有問題了吧！

小型紅鉛筆也適合。

藍藻

人為對策

這是最麻煩的青苔，要用水管連同水一起抽出。大量發生時，最好將水草拿出來，全部洗乾淨，底床也要重新鋪設。

生物對策

黑茉莉很適合用來對付藍藻。只是數量如果不夠，就追不上青苔生長的速度。所以還是兼用人為對策會比較有效。

發生到這種程度的話就太遲了。

要對付麻煩的藍藻，黑茉莉很適合。

鬚狀青苔

可以投入鉛筆魚。

這是飼養數量一多就容易發生的青苔。

人為對策

用手指拔除附在葉上的青苔，或是使用藥品等。附在器具或流木上的青苔，可以用鬃刷或刷子等去除。

生物對策

鉛筆魚很會吃鬚狀青苔。就其他的魚來說，因為太硬了，所以不太會吃。青苔多的時候，就多放一些鉛筆魚。

STAGE 5

換水和過濾器的洗淨

經常留心新鮮的水。定期換水

即使使用高性能的飼養器具，水族箱的飼養水還是有其界限。因此要以3分之1～2分之1的程度，將水族箱的飼養水更換成新鮮的水。絕對不可以全部換掉。這是換水的第一步。

想要將水族箱裡的水質保持在良好狀態，換水是不可欠缺的。

即使使用性能良好的過濾器，水族箱的水還是有其界限。

開始時也曾說過，不換水就無法飼養熱帶魚。如果覺得換水很麻煩的話，就不能飼養熱帶魚。就像這樣，換水這件事在飼養熱帶魚時是很重要的。因為不管使用性能多好的過濾器，水族箱的水還是有界限的。有時可以聽到「使用○△就可以不用換水」或是「我用○△，所以有1年沒換水了」之類的話，這種話根本毫無道理可言。就好像在誇耀自己的孩子不用人照顧就會長大，自己什麼都沒做卻好像很自傲一樣。

CHECK!

換水的 3 要點

1. 在狀態變差之前進行
2. 清潔過濾器和換水不可同時進行
3. 經常清掃底床

用經驗得知換水的時期。在此之前請定期地施行吧！

換水的次數和分量，要依水族箱的大小及魚隻的數量而異。雖然説換水很重要，但是太過頻繁也不代表是好的。

如果一次換掉大部分的水，不但水質會急遽變化，也會如同水族箱剛設置時一樣，變成不適合飼養的水質。

還有，次數也一樣，要是讓好不容易才穩定下來的水質出現變化，那就太可惜了。在水質快要變壞之前換水是最好的，這方面可以由經驗來判斷。

在用經驗判斷之前，60公分的水族箱不妨1～2個禮拜換水一次，每次更換整體3分之1到一半左右。只要定期性地這樣做，應該就能漸漸掌握到剛好的時機。最理想的狀態，就是只要觀察水就能知道換水的時期。如果能做到這樣，就算得上是頂尖的水族達人了吧！

換水時必須除泥。

換水用品

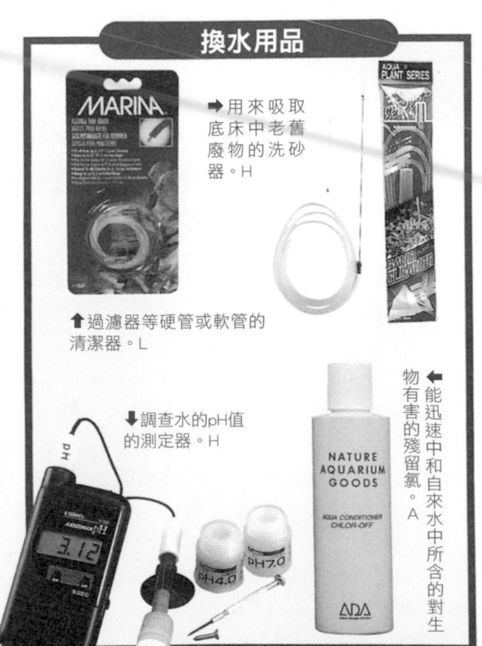

➡用來吸取底床中老舊廢物的洗砂器。H

⬆過濾器等硬管或軟管的清潔器。L

⬇調查水的pH值的測定器。H

⬅能迅速中和自來水中所含的對生物有害的殘留氯。A

用手折水管，靈活調節水流地排水。

在換水之前，先使用市售的清除青苔用具或是尺，將附著在玻璃面上的青苔去除。將這些髒污和水一起排掉，更有效果。如果把好不容易清除的青苔留在水族箱內，會再招致青苔的發生。

底床的砂礫中也堆積了很多老舊廢物，所以必須使用底床清潔器清除乾淨。這個時候如果很爽快地排水，在除掉砂礫中的老舊廢物之前，水族箱理的水就被全部排光了，所以請用手折水管，一邊調整水流地進行。

將從玻璃面除掉的青苔和砂礫中的老舊廢物清除，均勻地排掉水族箱內各處的水後，再進行預想水量的換水。計算排水水量來進行換水也是很重要的。

●商品經銷處／A：Aqua Design Amano H：SUDO L：TRIO CORPORATION

抽水的時候，由於底床砂礫中也堆積著許多的老舊廢物，所以要用底床清潔器去除乾淨。

除泥的時候要慢慢地進行，只吸掉污物，不要讓砂礫流掉。

這個時候，請用手折水管，一邊調整水流一邊進行。

使用中和劑，讓新水與水族箱的水溫差不多一樣後再加入。

定期性的換水＋視魚隻和水質狀態所進行的換水。

除泥後，要加入排水分量的水，不過最好不要直接加入自來水。因為自來水中含有消毒用的氯，對魚隻是有害的。必須使用中和劑除氯後，等到水溫和水族箱裡的水相同後再加入。

對水質敏感的魚，要使用水質調整劑，等水質與水族箱內的水接近之後再加入，比較安全。也可以準備方便換水用的塑膠桶等，將自來水放置1、2天。水盆和塑膠桶是一定會用到的，先購買起來比較方便。

要說到理想的話，再準備一個空的水族箱，讓水在裡面循環地調整水質，那就再好不過了。如果只是一般的飼養，就算每次都用水桶來進行換水，應該也不會有問題吧！

定期性的換水，加上依魚隻狀態或水質狀態所進行的換水是最好的。這些都要靠經驗才能獲得，因此最好要每天仔細觀察魚隻和水質來學習。

過濾器過度清潔的話，會使得過濾細菌消失！

過濾器的濾材也必須定期清洗，和換水一樣都是不可欠缺的作業。

過濾細菌要活潑地活動，就需要氧氣。過濾器內污物變多，會造成洞孔堵塞，水流消失，無法供給過濾細菌足夠的氧氣，於是過濾能力就會急遽降低，招來明顯的水質惡化。所以在此之前，就要去除濾材的堵塞，進行清洗。

過濾器的清潔大約是1個月1次，將濾棉上的污物搓洗乾淨。濾棉下方的濾材要以2個月1次的程度沖洗掉髒污。如果經常搓洗濾棉，下方的濾材就不會那麼髒，大概只要輕輕沖洗掉污物就可以了。

過濾器過度清潔，也會除去好不容易棲息的過濾細菌，所以不用清潔得那麼乾淨也沒關係。

大略清洗就好，不要把細菌全沖洗掉了。

清潔過濾器時，管類器材也要清潔乾淨。

還有，因為過濾細菌會暫時性的減少，所以最好不要同時進行換水。

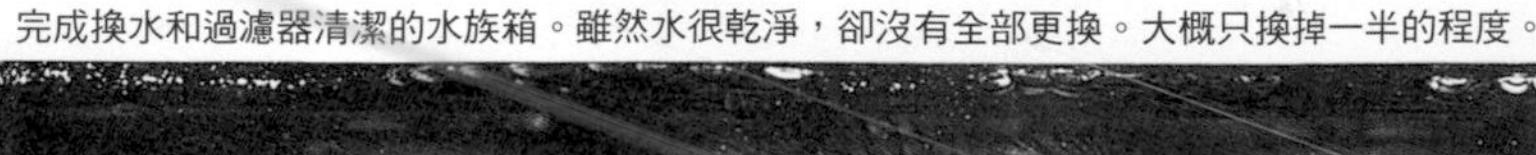

完成換水和過濾器清潔的水族箱。雖然水很乾淨，卻沒有全部更換。大概只換掉一半的程度。

STAGE 6

魚的疾病和意外

一發現生病的魚，立刻隔離＆換水

孔雀魚或日光燈生病，這種事是絕對要避免的。要健康地飼養還是讓魚生病，全在於飼養者的細心與否。最好每天都注意預防，以免陷入生病這種最惡劣的狀態中。萬一還是生病的話……

孔雀魚要充分注意魚鰭的疾病等。

將新魚放進水族箱時要注意。

疾病發生是在水族箱環境變差之後。

飼養熱帶魚時最要避免的，就是讓魚隻生病。既然是飼養生物，無可避免的就會生病；可是一旦生病，要完全治癒就會非常困難，所以每天注意預防以免生病才是最重要的，而且預防也比治療容易多了。

在疾病的預防上，經常整理飼養水族箱的環境是很重要的。因為魚隻生病的大部分原因，都是因為水族箱的環境變差的關係。

魚在大自然中，當環境變差時，還可以游泳移動到環境良好的地方去，但是在水族箱中卻無法這樣做。如果飼養者不改善，魚隻就一籌莫展。所以飼主必須要有這樣的責任感才行。

CHECK! **疾病的檢查重點**

容易生病的環境	魚隻發出的信號
1 將新購入的魚直接放進水族箱時	1 游泳方式和平常不同
2 怠於換水時	2 變得不太吃餌
3 怠於清潔過濾器時	3 體色變差（失去光澤等）
4 水溫變化激烈時	4 在流木等上面摩擦身體
5 換水等有急遽的水質變化時	5 呼吸變得急促
6 過度餵食，造成殘餌累積時	6 眼睛暗淡
	7 身體變紅
	8 魚鰭收合起來
	9 身體上有附著物
	10 魚鰭潰爛，或是顯得白濁

注意預防，不要忽略魚隻所發出的信號。

在預防疾病上最需注意的，就是將新買的魚隻直接放入水族箱裡的情形。就如P.118所寫的，如果是確實進行護理的店家就沒有問題，不過最好還是避免將剛進口的魚放進水族箱裡。如果有充分的空間，另外準備一個購入魚隻護理用的水族箱，是最安全且最好的方法。

萬一生病了，早期發現就變得相當重要。這時，就要發揮在日常管理中所培養出的經驗和觀察力了。

如果看到如上表狀態裡的魚隻，就是危險信號。一發現這些魚隻，就要迅速隔離，確定病名加以治療。如果沒有隔離的空間且症狀嚴重的話，雖然很可憐，但還是把牠處分掉比較好，也可避免其他魚隻跟著犧牲。

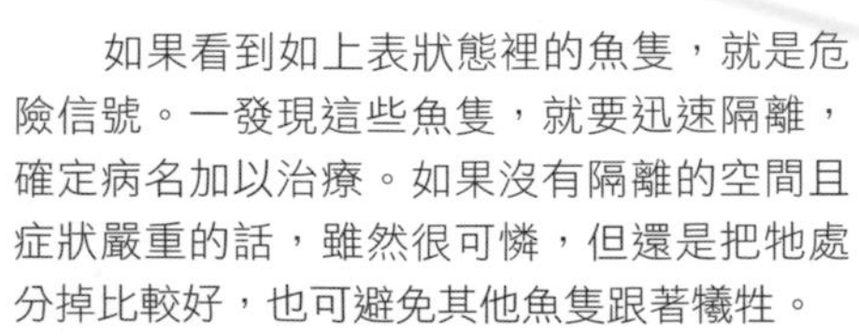

即使處置完生病的魚隻，卻不代表這樣就結束了，必須改善水族箱裡的環境。產生疾病是因為環境惡劣的關係，若不為其他魚隻改善水族箱裡的環境，大概很快就會再發病了吧！之後的狀態最好也要經常檢查確認。

因為水族箱內環境惡劣，疾病才會發生。

One Point! **藥品種類及其使用方法**

藥品這種東西對外行人來說是難以上手的物品。必須詳細閱讀說明書，使用指示的量。如果搞錯用量而多放了，可能連沒有生病的魚都會一下子死光。尤其是鯰魚類，因為不耐藥品，如果不遵守指示用量，死光的情形並不少見。剛開始的時候，聽取店家等經驗豐富者的建議，應該會比較安心吧！

代表性的觀賞魚用藥品。從左到右為：New Green F、Green F Gold、Refish。日本動物藥品。

熱帶魚的疾病和治療方法

白點病

將水溫提高到30℃左右。

這是在水溫或水質急遽變化時，尤其是低水溫的時候出現的疾病。身體上會出現白色小點，一旦症狀惡化，全身都會被白點覆蓋，因而被稱為白點病。

在治療對策上，因為白點病的病原體害怕高水溫，所以只要將水溫提高到30℃左右就可以了。反過來說，就是從不使用加熱器的春天到初夏時會變得容易發病。這個時期請注意水質和水溫的急遽變化。可加入 Green F 或是鹽來進行治療。

一發現身體上有白點，就必須立刻治療。

爛尾病（爛鰭病）

初期症狀時，用鹽等也有效。

低水溫時，或是因為移動等造成磨擦，或是被其他魚隻啃咬等等，因為傷口而發病的疾病。

不要認為只是魚鰭缺了一點點就小看這種病。一旦魚鰭或是嘴唇變白，症狀惡化時，魚鰭會整個潰爛，甚至進行到尾柄的部分，萬一變成這樣就回天乏術了。

在初期症狀時，可以用鹽或呋喃劑之類的藥物讓魚做藥浴。最重要的還是初期階段的治療。

孔雀魚尤其需要注意觀察。

水黴病（覆棉病）

身上如果有傷口，就用藥品預防。

就如病名一樣，病原體在傷口上寄生，變成好像覆蓋著棉絮般的疾病。

如果有會啃咬其他魚隻的魚，或是用網子撈取時因為亂動而造成身體受傷的魚，事先投入預防藥品或許會比較好。

處理魚隻的時候，請小心慎重地進行。初期狀態時，可使用鹽或 Green F 等讓魚隻做藥浴。

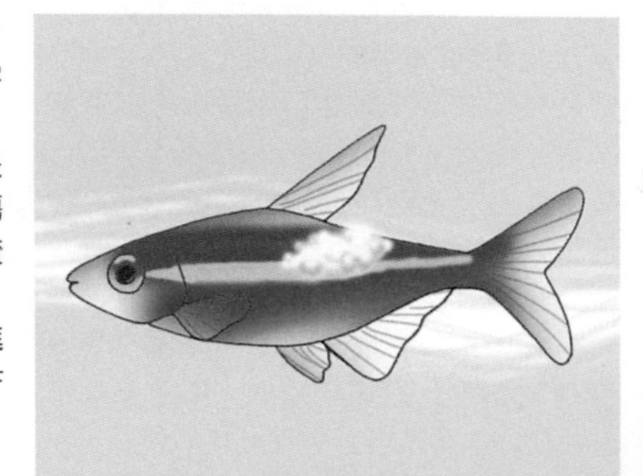

小心地處理魚隻，注意不要讓牠受傷了。

先來了解飼養熱帶魚時會面臨的疾病及對策方法吧！因為只有擁有知識，才有可能早期發現並迅速治療。

產氣單胞菌症

一發現生病的魚隻，就要迅速隔離。

屬於細菌性的棘手疾病，會引發促使身體膨脹、鱗片翻起的立鱗病、眼睛突出的凸眼病，以及身體出現洞孔的穿孔病等。一旦罹患就很難完全痊癒，即使使用號稱有效的 Parazan 等，還是希望渺茫。

原因是水族箱內環境惡化等飼養缺失，只能儘量避免讓魚隻罹患。

不管是什麼疾病，預防都是最重要的。如果發現生病的魚隻，就必須迅速隔離。

只能確實施行日常的管理。

卵圓鞭毛蟲症

投入鹽也是有效的治療方法。

這是指胡椒病等由鞭毛蟲類引發的疾病，會出現比白點病還要細但比較黃的小點。

可以投入鹽等來做治療，不過，偶爾會出現治不好的棘手胡椒病，所以還是要當心。

水質等的環境改善是必要的。平日最好頻繁換水，以做好預防。

要注意飼養中或移動時的水質或水溫的遽變。

身體表面一發現小點，就要立刻治療。

錨蟲．魚虱

驅除寄生蟲的藥品有效。

由金魚等其他魚隻所帶進來的寄生蟲。可以用肉眼發現，最好一看到就用鑷子等除掉。

市面上也販售有驅除寄生蟲用的藥品，使用起來都有效。不過，驅除寄生蟲用的藥品大多藥效強烈，使用量最好比指示量再少一點。投藥量如果不對，可能會連魚隻都殺死了。

寄生蟲能夠用肉眼確認，所以要進行檢查。

飼養孔雀魚時

喜歡弱鹼性～中性的新鮮水，所以要經常換水。

飼養包含孔雀魚在內的熱帶魚時，最需要費心思的就是水質。為飼養魚隻準備適合的水，是健康飼養的最大重點，還可以預防生病。

孔雀魚喜歡弱鹼性到中性的新鮮水，因此最好經常換水。一旦發生水變陳舊之類的水質惡化，就會發生孔雀魚特有的、被稱為針尾病的將魚鰭收合起來的疾病，所以換水不足導致水質惡化是天敵。萬一罹患針尾病，可以在10公升的水中投入約50公克的鹽來進行治療。到了末期症狀就很難完全治癒，所以還是注意做早期的治療吧！

CHECK!

孔雀魚的疾病對策 4 要點

1 不購買剛進口的魚
2 不要怠於換水
3 避免水溫上升
4 避免和會咬鰭的魚隻混養

罹患針尾病的孔雀魚

水質一旦惡化，就會引發魚鰭收合、稱為針尾病的孔雀魚特有疾病。

不要購買剛進口的魚，等在店家穩定下來後再購買。

此外，夏天的水溫上升也是必須注意的地方。如果水溫總是居高不下的話，可以在水族箱和照明器具之間使用風扇，或是使用水族箱用的散熱器，盡力降低水溫。

還有，孔雀魚會罹患一種稱為孔雀魚病、具傳染性的疾病。目前已經由孔雀魚愛好家加以抑制，不過購買外國產孔雀魚時還是要注意，不要購買剛進口的個體，等魚隻在店家穩定下來後再購買吧！

只要注意這些事項，孔雀魚的飼養並不困難。

對於懷孕中的雌魚要特別注意水質。

避免和會咬鰭的魚隻混養。那是疾病的根源。

CHECK!

日光燈的
疾病對策 4 要點

1 等水族箱作水完成後再購入
2 購入魚隻後，確實進行對水
3 不要一口氣進行換水和清掃
4 購入新魚的時候要注意

一旦穩定下來，飼養就不困難。

飼養日光燈時

當飼養環境改變時，就容易生病。

　口光燈的飼養，只要能確實做好基本事項就不困難，應該不會發生失敗。那麼，要說到什麼樣的時候才會生病？同樣地還是當飼養環境改變的時候。

　首先舉出的是，水族箱剛設置好、作水還沒有完成就購入魚隻，以及購入時沒做好對水就將魚隻放進水族箱裡等的情況。這些對魚隻來說都是相當嚴酷的情況，當然會生病了。

新購入的魚，等護理後再放進水族箱裡。

　此外，懶得換水，讓水族箱的水質逐漸惡化時，狀態也會變差。一旦再加上水溫的急遽變化，大概就會生病了吧！換水的時候，注意不要一下子就讓水質完全改變。

　而最需注意的，是購入其他野生燈魚的時候。偶爾會有帶有極強病原菌的魚進口。若將帶病的魚放進水族箱裡，就毫無辦法了。新購入的魚，請儘量做過護理後再放入水族箱裡。至少也要等牠在店家穩定下來後再購買。

整個清洗水族箱時必須要注意。

購入野生燈魚時請當心。

STAGE 7

繁殖

熱帶魚的繁殖非常令人感動。新手也OK！

說飼養熱帶魚的最大喜悅在於繁殖，應該不為過吧！而「繁殖的成功與否」，或許也可以做為飼養者將魚隻飼養得多健康的判斷吧！

孔雀魚是在腹中將卵孵化，產下稚魚的魚。略微可見稚魚的眼睛吧！

看見產卵或親子游動的姿態，是非常讓人感動的事。

能不能呈現出熱帶魚的美，全看飼養者的本事。熱帶魚最美的時候，就是出現婚姻色進行繁殖行為的時期。而能不能飼養到有繁殖行為，不僅能夠展現飼養者的本領，也很有努力的價值。也可以說，當進行繁殖的時候，就會明白飼養熱帶魚的最大魅力了。

不管是孔雀魚還是日光燈都一樣，在水族箱這個有限的空間中，運作著由自己創造的生態系統，看著所飼養的魚產卵或產子，親子一起共游的姿態，這是非常讓人感動的，是無法用言語表達的喜悅。

即使無法很快就順利繁殖，但只要配對飼養就能有所期待，對每天的飼養也會更加投入而日益充實。

CHECK!

繁殖成功的 4 要點

1 一定要雌雄成對購入
2 健康地飼養
3 準備繁殖水族箱（尤其是日光燈）
4 掌握稚魚的培育法

稚魚吃的食物，以豐年蝦的幼蝦為理想。

孔雀魚是最容易繁殖的魚。

繁殖要從尋找好的配對開始。不過理想的做法是，購入數隻後，將自然配對的個體移到繁殖用的水族箱裡。此外，也可以請店家幫忙選擇可能會成為良好配對的個體。

如果可以慢慢地飼養配對的魚隻到有繁殖行為，接下來就是稚魚食物的問題了。也可以說這是最重要的，因為繁殖被認為困難的原因，或許就在於食物。

基本上，餵食親魚的一般飼料，對於剛出生的稚魚來說太大了，沒有辦法吃，所以要準備稚魚用的食物。最理想的食物就是豐年蝦的幼蝦。

大部分的稚魚只要吃這個就夠了，不過豐年蝦孵化的時間和給予稚魚的時間必須剛好配合。要是時間一久，幼蝦長大了，營養價值就會變少。豐年蝦對親魚來說也是很好的食物，不妨從平時就開始給予，預先做練習。

品種的系統維持就有難度了。

好好地維持，希望能長久賞玩美麗的品種。

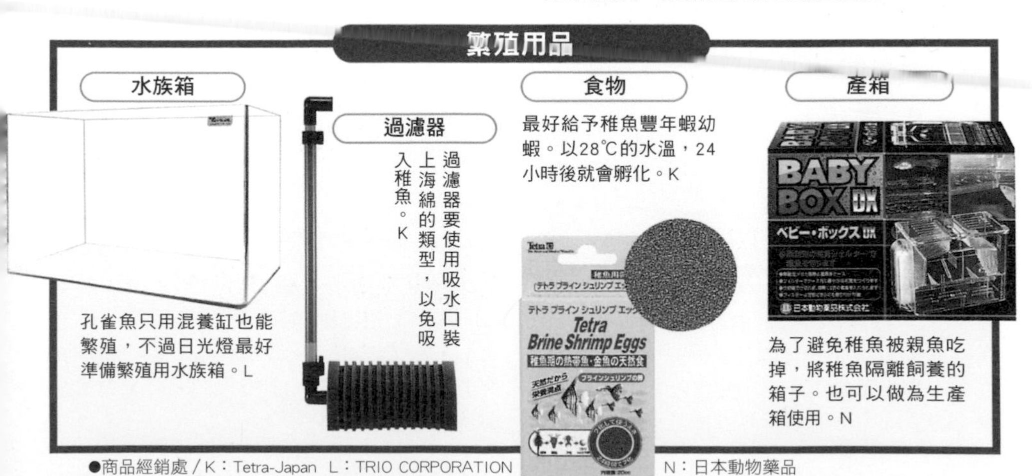

繁殖用品

水族箱

孔雀魚只用混養缸也能繁殖，不過日光燈最好準備繁殖用水族箱。L

過濾器

過濾器要使用吸水口裝上海綿的類型，以免吸入稚魚。K

食物

最好給予稚魚豐年蝦幼蝦。以28℃的水溫，24小時後就會孵化。K

產箱

為了避免稚魚被親魚吃掉，將稚魚隔離飼養的箱子。也可以做為生產箱使用。N

●商品經銷處／K：Tetra-Japan L：TRIO CORPORATION N：日本動物藥品

CASE 1

孔雀魚的繁殖

飼養容易繁殖的孔雀魚，
然後向極具吸引力的繁殖挑戰吧！

1st STEP

緞帶型的繁殖很困難。

在造景上多用心思，創造許多稚魚的隱蔽處。

新手最容易享受到繁殖樂趣的，就是包含孔雀魚在內的卵胎生鱂魚同類。為什麼呢？因為和卵生的魚比較起來，這一類的稚魚比較大，在繁殖中較為困難的稚魚管理也會比較容易。

孔雀魚的繁殖力旺盛，即使不使用繁殖用的水族箱，只用混養缸也能夠繁殖。甚至可以說就算不以繁殖為目標，也會自然繁殖。

不過，對一起混養的魚要用點心思，應該要避免會吃掉稚魚的魚。還有，孔雀魚的親魚有時候也會吃掉稚魚，必須注意。

不管是何種狀況，首先只要種植許多水草等，製造出許多稚魚的隱蔽處就可以了。母魚也可以安心地生產。此外，如果使用產卵箱，那就更讓人放心了。

繁殖的行程

	步驟	說明
1	選擇喜歡的孔雀魚	選擇自己想要飼養，還有想要創造的品種。
2	健康地飼養	這是當然的，健康飼養是最重要的。
3	產子	不知不覺中，母魚的肚子變大，就產下小魚了。
4	稚魚的培育	使用產卵箱等，保護出生的稚魚，把牠養大。
5	選別	等長到可以判別雄魚·雌魚後，將雌魚隔離。
6	淘汰	雖然很可憐，不過畸形等的個體還是必須處分掉。
7	稚魚誕生	試著讓成長後你最喜歡的雄魚和雌魚交配。

能否培育出喜歡的個體呢？這是很快樂的時光。

在店家購買的孔雀魚配對已經懷孕了。

雖然純粹飼養美麗的孔雀魚也很愉快，不過孔雀魚真正的樂趣在於品種改良。因為要創造出自己心中描繪的孔雀魚並非不可能。想達到那樣的程度，必須學習孔雀魚相關的品種知識和遺傳學，不過也可以先實踐看看。只要不是考慮要在比賽中展示作品之類的，一般的繁殖應該就能充分享受其中樂趣。

在店家購買的孔雀魚配對，雌魚大多已經懷孕了，所以開始飼養後不需太久的時間，大概就會產子了吧！剛開始或許很多稚魚都無法順利養大，不過經過這次的產子後，就會記住繁殖的行程。然後，只要累積經驗，朝孔雀魚的繁殖前進就可以了。

最好選擇身體強壯的個體做為親魚。

先以不降低品質做為目標吧！

CHECK!

孔雀魚的雄魚和雌魚

雄魚

孔雀魚的雄魚．雌魚很容易辨識，就像用照片也看得出來一樣，雄魚的臀鰭是長而尖的生殖器。從幼魚時期就開始發達，所以能夠很早就做判別。

基本上，雄魚的尾鰭會大幅展開又美麗。

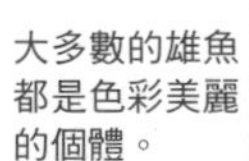

大多數的雄魚都是色彩美麗的個體。

孔雀魚的雌雄判別，只要看臀鰭就可一目瞭然。

臀鰭是尖的，以做為生殖器。

雌魚

孔雀魚雌魚的腹部會膨起到相當大，肛門附近的魚鰾帶有黑色，所以很容易判別。最好選擇圓鼓健康的雌魚。

肛門

孔雀魚的雌魚腹部較大，肛門附近帶有黑色。

白子個體的雌魚，肛門附近不帶黑色，而是有透明感的膚色。

臨近產子的雌魚個體。也該是移到產卵箱的時期了。

緞帶型的配對會和正常型的雄魚以3隻為一組販售。藉由正常型的雄魚和緞帶型的雌魚交配，就能做出緞帶型的雄魚。

2nd STEP

稚魚的培育

稚魚時期的營養偏頗，日後就會顯現差異。要好好地培育。

剛出生的稚魚，為了避免被其他魚隻吃掉，最好在其他的水族箱裡飼養，或是大量使用水草等隱蔽處的造景來飼養。

孔雀魚的稚魚比卵生的魚大，養育容易，這也正是孔雀魚等卵胎生鱂魚繁殖容易的原因。卵生魚的稚魚至少必須餵食剛孵化的豐年蝦幼蝦，不過孔雀魚稚魚只要餵食稚魚用人工飼料就可充分成長。

從營養面來看，最好儘量給予豐年蝦幼蝦，不過剛開始時也可以使用人工飼料。之後再慢慢掌握豐年蝦的使用方法就好。

在能夠判別雌雄之前，最好不要斷糧，健康地培育長大。

先培育優良的親魚吧！

就像這樣，也有雌魚魚鰭變大的品種。

選別和淘汰

將雄魚和雌魚分別飼養後，再讓喜歡的魚繁殖。

孔雀魚如果正常地飼養，或多或少都會增加。只是，如果直接讓牠們繁殖下去，顏色會變淡，身體也會變小。

因此，想要維持美麗的魚，就要在知道稚魚是雌是雄的時點，立刻把雄魚．雌魚分別飼養，讓最健康、喜愛的個體們進行繁殖。

像這樣將雄魚和雌魚分開飼養是很重要的，如果太慢的話，雌魚很快就會懷孕，就無法讓喜歡的個體們彼此交配了。雌雄分開後各自飼養，檢查脊椎、各魚鰭、鱗片的排列等，畸形的魚就淘汰掉。最好在此培育階段就找出喜愛的個體。

還有，對於這個時期容易發病的針尾病也必須非常注意。如果有發病的個體，整個水族箱都要進行治療。

創造出如此可愛的孔雀魚也不再是夢想。

交配

讓喜歡的雄魚和雌魚交配，從牠們的孩子中挑選出數對再做交配。

出生的稚魚們成長為年輕的魚隻後，就可讓最喜歡的雄魚和雌魚交配。只要從稚魚中選出數對來交配就可以了。如果只用一個混養水族箱飼養的話，最好將挑選個體以外的其他魚隻處分掉或是出讓。如果不這樣做，數量就會一直增加，結果就會全部都糟塌了。

交尾過一次的雌魚，在產子後體內仍儲存有精子，會再產子1～2次。如果想讓別的雄魚交配時，雌魚還是另外飼養比較好。

剛開始時，不需要考慮到遺傳學，只要試著實踐就好了。等累積某種程度的經驗後，再來學習必要的知識──用這種方法來進行，不也很好嗎？

真紅眼白子適合飼養老手。

正式的繁殖

做出屬於自己的孔雀魚，是飼養孔雀魚的最終目標。

如果想做出強健、美麗的孔雀魚，就必須學習品種和遺傳學的知識。首先一定要了解孔雀魚的品種在遺傳上是怎樣的情形。

關於品種，在孔雀魚完全目錄（P.42～）中已有某種程度的介紹，可做為參考。

本書是針對孔雀魚新手的書，所以在遺傳方面不做詳細的介紹，不過希望各位一定要貫徹到底地飼養孔雀魚，在遺傳方面也加以學習。

試著創造出自己專屬的孔雀魚，是飼養孔雀魚的最終目標。自己的孔雀魚必定會成為摯愛的魚。既然要養，不妨就試著做到徹底如何？

購買時，最好購入年輕的雄魚。

得到優良的雌魚就是繁殖成功的關鍵。

CASE 2

日光燈的繁殖

日光燈的繁殖相當困難。由於孵化的稚魚很小，即使在造景水族箱內產卵，也無法期待自然繁殖。

如此超大眾化的品種，幾乎都是在香港繁殖的個體。繁殖是相當困難的。

日光燈其實是很深奧的魚。一定要徹底地飼養。

在繁殖水族箱內用爪哇莫絲或毛線等做成產卵床。

日光燈的繁殖，如果不準備繁殖水族箱是不可能成功的。在飼養水族箱內產卵雖然不是那麼困難，但因為孵化的稚魚非常小，要把稚魚養大是很不容易的。

首先要在繁殖水族箱裡設置海綿過濾器等，並以爪哇莫絲或毛線來製作產卵床。然後，為了避免稚魚被吃掉，產卵一結束就要立刻把親魚拿出來。觀察母魚的腹部，只要有稍微凹陷，就可以認為已經產卵了。

稚魚的食物必須是纖毛蟲，不過剛開始時也可以多放一些水草，讓牠吃水族箱內的微生物，一直到牠能夠吃豐年蝦的幼蝦為止。培育稚魚可能很困難，不過還是要挑戰看看，這樣飼養技術一定會進步的。

已知有很多的改良品種，但繁殖只適合老手。

孔雀魚&
日光燈的

PART
5

水草栽培和維護

本章要傳授如何漂亮地栽培出飼養孔雀魚和日光燈時，
水族箱中不可欠缺的水草。
從選擇栽培物品開始，到修剪方法、增殖方法、
疾病對策和必須先掌控的要點來進行解說。
為各位傳授成功栽培水草的小秘訣。

STAGE 1

水草的栽培方法

栽培的關鍵在於水。只要水質好，大多可順利生長

水草能夠健康生長的水族箱，放入的魚隻也大多健康良好。為什麼呢？因為這代表水族箱內的平衡處在非常良好的狀態。亦即，能夠保持那樣的狀態，代表飼養就能順利進行。

剛開始時，最好購買容易栽培的水草。

水蕨類是適合孔雀魚飼養的水草。可以種植，也可以浮在水面上，做為稚魚的隱蔽處。

水草對魚隻們來說是絕佳的隱蔽場所。

飼養熱帶魚時，不可或缺的就是水草。除了可讓水族箱內顯得更自然、美麗之外，也能成為魚隻們絕佳的隱藏處，以減少壓力。而且水草生長得漂亮，對於水質的維持也有很大的幫助。

孔雀魚和日光燈非常適合使用水草的造景水族箱（參照P.9～31的「孔雀魚＆日光燈的水族箱推薦設計」）。請務必美麗地栽培水草，為孔雀魚和日光燈建造美好的造景水族箱。

CHECK!

水草栽培的 4 要點

1 適當的水質
2 適當的光量
3 適當的肥料
4 適當的 CO_2

水蓑衣屬的同類也是受歡迎的水草。

掌握水草栽培的小秘訣，製作美麗的水草造景吧！

正確的換水，可以減少很多問題

水草要健康地生長，最重要的就是水。確實地進行換水，可以減少很多新手容易發生的問題。

以最常發生的青苔問題為例，原因在於水族箱設置時使用的底床肥料過多，或是魚隻的飼養數量不平衡等所造成的。

在設置的初期階段經常發生的絲狀青苔，只要好好地換水就能夠確實抑制。還有，在設置的初期階段，因為細菌尚未完全活動，水質不易穩定，很快就會惡化。設置後約1個月內，最好一個禮拜至少換水一次。

不過，希望各位記住的重點是「不是只要換水就好了」。水草當然有它們各自適合的水質，而適應穩定下來後，突然的水質遽變也要注意。也就是說，換水時最必須注意的是pH shock。

為了預防pH shock，要用水質調整劑等（pH正或pH負等，配合自來水的水來使用），將新水的pH值調整成和水族箱的pH值相同。這是換水的基本，因此在設置階段或換水時，一定要確實地掌握水族箱的水質。

請選擇適合孔雀魚或日光燈的水草。

STAGE 2

水草栽培用品

善加活用 水草栽培器具

想要輕鬆地栽培水草，一定要使用最新的栽培器具。只要正確地使用現在的器具，水草的栽培絕對不困難。做出自己獨創的美麗水草造景，讓孔雀魚和日光燈悠游其中吧！

善加使用培育器具，可以讓水草順利栽培。

美麗的水草可讓水族箱倍增華麗。

肥料也是很有幫助的東西。

活用先進的栽培器具，從依循基本的培育法開始。

就在不久之前，水草的栽培一直被認為是很困難的。在熱帶魚店看到的美麗造景，其實是累積經驗的「專家的手藝」。不過，現在不管是CO_2添加套組還是螢光燈，尤其是底床的進步非常驚人，因為這些培育相關器具的進步，栽培也變得更加容易了。

善加活用先進的器具，從依循基本的培育法開始，這樣應該就不會出錯了吧！在此要為各位介紹的是基本的器具和培育方法。

添加 CO_2，更換成最適合水草的過濾器。

使用一般的熱帶魚設備對於水草的栽培是不夠的，還有許多其他必須備齊的東西。

想要栽培得美麗，首先必需的就是CO_2。這是水草栽培時不可欠缺的東西，過濾器也必須更換成適合水草的類型。

為什麼呢？因為飼養熱帶魚所使用的大部分過濾器都會增加水的曝氣量，使得水中的CO_2流失，就算特意添加也沒有意義了。

在先進的底床中成為主流的土壤系底床是什麼？

水草栽培最適合的是外部式過濾器（動力式過濾器）。照明最好也換成水草栽培專用的螢光燈。

在目前最先進的底床中，成為主流的是土壤系底床。土壤系底床是將土燒成堅固粒狀的類型。不小心處理的話土粒會潰散掉，所以請輕輕沖洗後，放入水族箱中再慢慢注水。

土壤系底床由於本身就含有肥料成分，若是再添加肥料的話，會變成青苔發生的原因。最好在設置後約2個月內都不要添加肥料。

之後可以使用條狀肥料等。液體肥料不要將規定量一口氣倒進水族箱中，最好每天一點一點地添加，比較能夠抑制青苔的發生。

添加 CO_2，可以讓水草生長得更好。

水草栽培用品

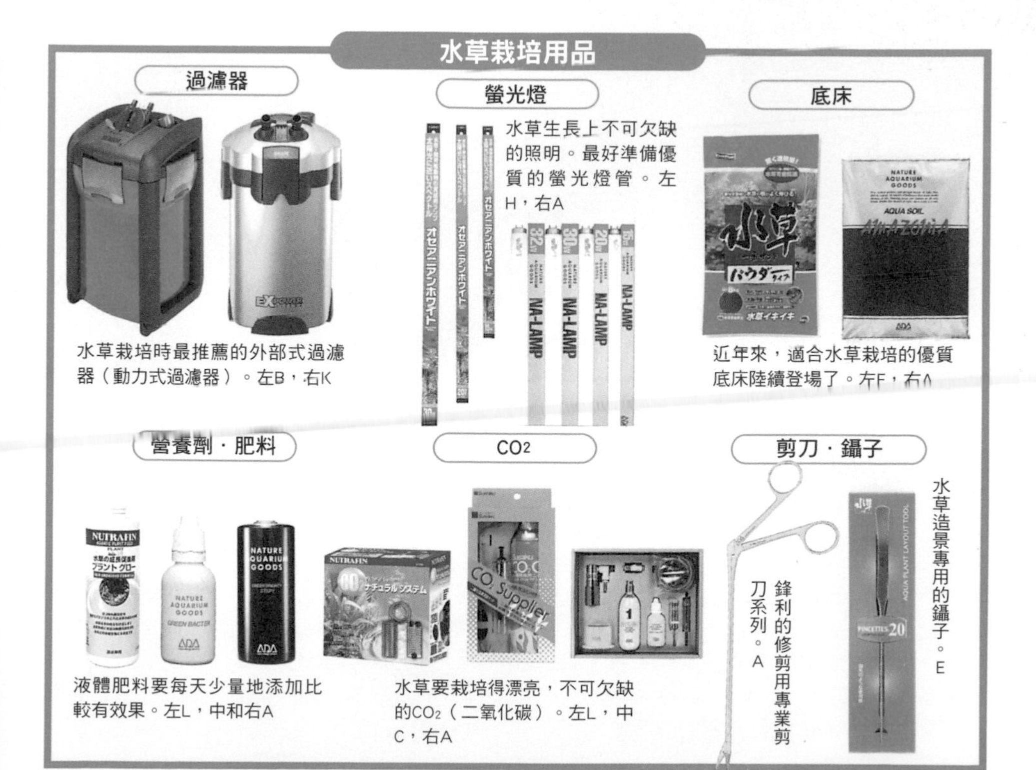

過濾器

水草栽培時最推薦的外部式過濾器（動力式過濾器）。左B，右K

螢光燈

水草生長上不可欠缺的照明。最好準備優質的螢光燈管。左H，右A

底床

近年來，適合水草栽培的優質底床陸續登場了。左F，右A

營養劑・肥料

液體肥料要每天少量地添加比較有效果。左L，中和右A

CO_2

水草要栽培得漂亮，不可欠缺的CO_2（二氧化碳）。左L，中C，右A

剪刀・鑷子

鋒利的修剪用專業剪刀系列。A

水草造景專用的鑷子。E

●商品經銷處／A：Aqua Design Amano B：EHEIM Japan C：水作 E：GEX H：SUDO K：Tetra-Japan L：TRIO CORPORATION

STAGE 3

水草的修剪和增殖方法

水草要儘量做修剪。增殖喜歡的水草

不修剪水草，就談不上水族箱的水景維持。水草的生長依種類而異，配合其生長，修剪的方法也不一樣。請掌握適當的修剪方法，試著維持水景、增殖水草吧！

差不多該考慮修剪了吧！想要修剪成什麼樣子？請先想像一下完成圖。

伸長的水草覆蓋水面，會使得光線照不到其他的水草。

修剪是水草造景水族箱必不可少的作業。不花這樣的工夫，美麗的造景就無法持久。尤其是有莖水草具有莖向上伸展生長的特性，所以主要使用有莖水草的造景，就必須要經常做修剪。

怠於修剪，就會變成悽慘的野地狀態；再放著不管，就連原本健康生長的水草也會遭殃。

為什麼？因為變成野地狀態，是水草生長得很好的證據，不過高大伸展的水草覆蓋水面，光線就照射不到前景草等其他的水草；一旦照射不到光線，就會陷入生長不良，最壞的情況就是完全溶腐，所以必須儘快做修剪處理。

水草的修剪

就像將人的頭髮剪短般，修剪成帶有弧度、自己喜歡的長度。

有莖種的水草生長快速，所以要經常進行修剪。

雖然統稱為修剪，其實有各種不同的方法，而不種的種類，剪法也不相同。

就有莖水草來說，基本上有2種方法：如果是水草再增生下去可就傷腦筋的情況，就要從水族箱中拔起來，修剪後再重新種植下去；如果想要繼續增殖，就直接從莖的中間剪開，再將剪下的部分插回去。

簇生狀的品種不需要拔起來，只修剪葉子即可。另外，如果因為長得太大而感到困擾時，也可以先拔起來，修剪根部後再種回去。

在修剪的方法上，要保持整體植栽，像要將人剃成光頭般，剪成帶有弧度的模樣。不須在意莖節，剪成自己喜歡的長度即可。從切口會有無數的新芽長出來，形成較大的繁茂處。修剪掉的上部因為不需要了，就處理掉。

進行修剪後，水草碎屑或是枯葉等可能會漂在水中或浮在水面上，要用網子撈起來。尤其是有浮草漂在水面上時，一定要徹底撈除。如果不這樣做的話，很快就會增殖到覆蓋水面的程度，造成其他的水草枯萎。

不需要的浮葉要從植株的根部進行修剪。

修剪後不要的莖、變成黑色的莖要拔起來。

剪開的腋芽長度有長有短，必須調整長度。

CHECK!

水草修剪的 3 要點

1 在造景被破壞前就做修剪

2 前景草要勤於修剪

3 計算有莖水草的長度後再修剪

將剪下來的部分再種回去的繁殖方法稱為回插。請做過和準備作業相同的處理後再種植。

比起剪刀，使用小刀來切比較不會傷到地下莖。

這種做法可以讓匍匐莖長出許多子株。

在自己的水族箱裡增殖水草用於造景上，比較具經濟性。

高價的珍貴品種水草等，因為無法一次購買太多，如果能在自己的水族箱裡增殖，再使用於造景上，是比較經濟的做法。水草的增殖方法依種類而異，大致上可以分為3種。這3種就是有莖種、簇生種，還有以地下莖增殖的品種。

比較容易增殖的是有莖種的水草。只要剪下伸長的莖，再插回底床就可以了。

簇生狀水草的體質強健，對造景來說使用也容易，不過大多都是增殖上比較困難的種類。增殖方法有2種：以匍匐莖增殖的水草，和以分株增殖的類型。

地下莖的水草只能用分株來增殖。由於大多是生長緩慢、比較強壯的種類，可以輕易增殖。

CHECK!

水草的增殖方法 3 要點

1. 有莖水草要回插
2. 簇生狀水草要以匍匐莖或分株來增殖
3. 以地下莖增殖的種類要做分株

STAGE 4

水草的疾病

早期發現是大原則。配合病種來做處理

和陸上植物一樣，水草也會生病，所以必須學習正確的處理方法。想要早期發現，早期治療，每天的觀察非常重要。有沒有枯萎或腐敗等，每天都要確實地檢查水草的狀態。

最棘手的是病毒性或細菌性的疾病。

對水草來說，也有容易生病的時期，尤其是夏天高溫時，會發生各式各樣的疾病。剛開始時往往不知道那是生病，只以為是單純的枯萎而已。

最棘手的疾病是病毒性或細菌病的疾病，如果沒有察覺而放著不管的話，就會漸漸感染，導致全部枯萎。

枯萎 大多是水上葉無法展開成水中葉而枯萎的情況。是否有添加CO_2？有肥料嗎？照明充足嗎？請先想想自己的水族箱對水草來說是否是正確的環境？

pH shock pH shock是指pH值明顯發生變化時引起的休克狀態，大多是在換水過的數天後發生。換水時要檢測水族箱的pH值，將換過的水調整到符合原來的數值。

細菌性腐敗症 常見於芋科水草或羊齒類水草的疾病。當地下莖受傷，雜菌就會進入該處造成腐敗。分株的時候在切口塗抹防腐劑等，可以有相當程度的預防。

水生羊齒病 羊齒類水草的疾病，特別容易在夏天水溫上升的時候發病。使用散熱器或是室內空調，即使是在夏天，也要將水溫調整在25℃左右。

病毒感染 陸上植物常見的症狀，偶爾也會出現在水草上。除了將感染的植株處分掉，別無方法了。

將生病的葉子全部剪掉，不要放進水族箱內。

注意不要傷到地下莖。

生病的部分要迅速處分掉。

不管是哪個名詞，都可以在此找到說明！

孔雀魚＆日光燈

水族用語解說

水族相關的書籍・雜誌經常會使用各種專門用語。萬一不明白這些用語的話，是很難理解其中的內容的。為了避免這樣的事情發生，在此要介紹的是至少一定要知道的專門用語。相信一定能對您有所幫助。

英文

Aquarium…水族館、繁殖地、飼育・栽培水生生物的水族箱之總稱。

CO_2…二氧化碳。

CO_2 氣瓶…通常是指按壓式的二氧化碳氣瓶。

CO_2 細化器…將 CO_2 氣瓶打出的 CO_2 變得更細，使其更容易溶於水中的擴散器。

CO_2 高壓瓶…與調節閥配合使用的液態二氧化碳的高壓瓶。

CO_2 控制調節器…要在水族箱中添加 CO_2 時，藉由定時器來開關電磁閥，調整添加時間的器具。

CO_2 長期監測器…放入水族箱中，用來測定 pH 值的器具。由於只要裝設一次，就能連續 1 ～ 3 週進行測定，因此被稱為長期監測器。

Gonopodium…在交配時，為了將精子送入雌魚體內而產生變化的雄魚的臀鰭。可見於卵胎生鱂魚身上。與交接器的意思相同。也是辨別雌雄的重點。

pH 值…氫離子濃度的指數，亦即酸鹼值。pH 值在 7.0 為中性，比此數值高者為鹼性，低者則為酸性。

pH 監控器…在水族箱中添加 CO_2 時，測定 pH 值的感應器會發出信號，調節電磁閥的開關，讓水族箱內的水維持在設定好的 pH 值的器具。

Starting Plants…在設置水族箱時，最先種植的比較強健的水草。

一字部

氨…魚糞、殘餌、枯葉等有機物被異營細菌分解後的產物。對魚和水草有害，但只要過濾層有確實運作，就可由過濾細菌的亞硝酸菌將其變為亞硝酸。

節…莖部長出葉片的部分。

二字部

口孵…在口中保護卵和稚魚的一種繁殖形態。棲息於非洲的坦干依喀湖、馬拉威湖中的慈鯛大多屬於這一類。

大帆…表示背鰭大如船帆般的種類。例如大帆茉莉等。

子株…由親株增生的植株。

中景…水族箱中央的景色。

互生…表示葉片在莖的各節交錯生長的狀態。

水質…水的性質。依照所含的成分而異，可以檢測 pH 值或硬度等，有許多指標。

水螅…水族箱內發生的原生動物。

打氣…這是指利用空氣幫浦等將空氣送入水族箱中的作業。也有降溫的效果。

生餌…生鮮的食餌，要先解凍才能餵食。

光量…照射水族箱的光線量。

全緣…指平滑而沒有凹凸的葉緣。

耳形…表示葉片的一部分像耳垂一樣圓大。

卵斑…這是幾乎所有的口孵魚雄魚臀鰭上都有的卵狀斑紋。目的是為了要讓雌魚在產卵後誤將其認為是卵而一口吞下，雄魚便趁此時射精，好讓雌魚口中的卵都能受精。

吻部…包含嘴巴在內的口吻部。

尾鰭…長在魚尾巴上的魚鰭。依魚種而異，有各種不同的形狀。像劍尾系等的尾鰭就極具特色。

汽水…這是指在河口域一帶，海水與淡水摻雜混合的水。半淡鹹水。

芋類…這是指水蕹或睡蓮之類，從芋頭狀的塊莖中長出根和葉，具有休眠期的植物。
赤蟲…搖蚊的幼蟲，常被用來當作活餌。由於是紅色的，因此也被稱為紅蟲。也可以買到冷凍的產品。
亞種…指原本只有一個種類，但因為地理因素等而開始出現不同基因的類群。
底床…為了讓水草著根，在水族箱底部以砂礫等鋪設而成的地面。
泡巢…鬥魚和麗麗魚等的雄魚為了繁殖而用泡沫做成的巢。
肺魚…只用肺呼吸便能生存的古代魚類。有些種類會在乾季時做繭度過。
肥料…植物必需的養分。
附生…指植物著根於岩石或流木上。
前景…水族箱前方的景色。
後景…水族箱後方的景色。
枯死…植物枯萎而死亡。
活餌…在活著的狀態下拿來餵食的餌料。常見的有絲蚯蚓、赤蟲等，金魚等也會被拿來當作大型魚的活餌。
背幕…貼於水族箱內側或外側的塑膠貼紙。是水族用品的裝飾品之一。
背鰭…魚背上的魚鰭。
修剪…當水草長長時，藉由剪掉莖或葉來調整水草生長狀態的作業。
扇尾…像大扇子一樣的尾鰭。
根莖…在地底 ・ 地面橫向生長的莖。
浮草…浮在水面上的水生植物。
脂鯉…熱帶魚的代表性群體之一的總稱，也包含了食人魚等。也可直譯為加拉辛。
脂鰭…長在背鰭後方的小魚鰭。有些種類的魚並沒有。
胸鰭…在魚的胸口上成對的魚鰭。有些種類的胸鰭會變成鞭狀。
脈幅…葉脈的寬幅。
追肥…表示追加肥料的意思。
配對…感情融洽的雄魚與雌魚。在慈鯛科的魚中經常可見。
鬥魚…要是在一個杯子中同時放入 2 隻雄魚就會開始打鬥，因此被稱為鬥魚。
乾眠…有一種卵生鱂魚，在還是卵的時期時，如果不先離水幾個禮拜就不會孵化。像這種離水的期間就稱為乾眠。也叫做夏眠。
側線…可以感受水的流動、附近發生的聲音等的感覺器官。在魚體側面呈線狀排列。
剪定…請參照「修剪」。
液肥…液狀的肥料。
淡水…河川或湖沼等不含鹽分的水。
混泳…在一個水族箱中飼養各種種類的魚。
球根…球莖。

相較於以往的白子型，眼睛呈血紅色的真紅眼白子孔雀魚。

美麗的日光燈群泳。

球莖…地下莖的一種，會因積蓄養分而肥大成球狀。
莖節…莖上的節。
軟水…硬度在 9 以下的水。
頂芽…位於莖部前端的芽。
頂葉…位於莖部前端的葉片。
換水…將水族箱內的水進行交換的作業。
斑葉…葉片上有斑點狀的花紋。
琴尾…尾鰭的上下方呈帶狀延伸的形狀。此外，也是卵胎生鱂魚同類的名稱。
硬水…硬度在 10 以上的水。
硬度…表示溶於水中的鈣離子、鎂離子等的濃度。
黑水…富含單寧的水質，常見於亞馬遜河流域。也可以用人工方式重現。
塊莖…地下莖的一部分肥大而呈塊狀，積存了貯藏物質（澱粉）之類的莖。
慈鯛…這是被分類為鱸形目、鱸形亞目、慈鯛科的魚類的總稱。代表性的魚為七彩神仙魚。
稚魚…孵化後，和成魚具有相同特徵的幼魚。
節間…莖上的節與節之間的部分。
腹鰭…位於魚腹，成對的魚鰭。有些種類的腹鰭會變成吸盤狀。
葉背…葉片背面。
雷魚…歸化日本的蛇頭魚同類，是很受歡迎的釣魚對象。
鼠魚…棲息於南美洲的鯰魚同類。
孵化…從卵變成稚魚的過程。
對生…葉片從莖的各節左右 2 片 2 片地生長。
複葉…擁有分裂的小葉子的葉片。
輪生…指葉子從莖的每個節各長出 3 片以上的情況。
學名…用於區分生物的種類，世界共通的名稱。
燈魚…小型脂鯉科同類的總稱。
親株…也稱為母株。會分出子株來進行繁殖。
鋸葉…表示葉緣有鋸齒狀缺刻。
臀鰭…在魚體下側，位於腹鰭和尾鰭之間的魚鰭。有些種類的臀鰭會和尾鰭連在一起。
歸化…這是指從原本的棲息地經由人為移動後，在另一個地方定著 ・ 繁殖。例如美國螯蝦等。
雜交…表示讓不同種的雄魚和雌魚進行交配。例如茉莉與劍尾魚等。
鯰魚…淡水魚中最大的魚類集團總稱。特徵是有像貓一樣的鬍鬚。
藻類…在水中生長的下等植物的總稱。會妨礙水族箱景觀的青苔也屬於這一類。

體側…身體的側面。除了有各種花紋之外，側線也在這裡。

鱗片…魚類或爬蟲類等的體表所覆蓋的小硬片。

三字部

三角尾…呈三角形伸展的尾鰭。是孔雀魚中最受歡迎的形狀。

孔雀魚…卵胎生鱂魚的代表。經由改良，在全世界都極受歡迎的魚。

止回閥…請參照「止逆閥」。

止逆閥…在停止空氣幫浦或 CO_2 氣瓶運作時，用來防止水族箱的水逆流進風管（耐壓管）中的器具。

水上葉…生長於水面上方的葉子。

水中根…從莖部開始露出於水中的根。

水中葉…生育於水邊的植物在水中成長的葉子。

水族箱…裡面有水，用來飼育生物或水生植物的容器。有各種大小、形狀及材質。

水溫計…測量水溫的器具，目前有數位式和液晶式等類型。

水黴病…身體上有白色黴狀的東西繁殖的疾病。病情不嚴重時只要用藥就能治癒。

古代魚…從遠古時期開始，形態就未曾改變而生存至今的魚類的總稱。

生態缸…同時設有水域及陸上域的水族箱。陸上域大多會種植觀葉植物類。

白化種…因突變而讓體內的色素消失的種類。因為眼睛也沒有色素，所以看起來是紅色的。

白點病…身體出現白色斑點的疾病。大多只要提高水溫並用藥就能治好。

白變種…由於突變而讓身體的色素消失、變成黃色的種類。但眼睛還是維持一般的顏色。

交接器…請參照 Gonopodium。

休眠期…指生物的成長・活動暫時停止的時期。

地下莖…在地底生長的莖。

有莖草…在底床著根，莖部朝水面生長的水草。

肉食魚…將小魚等做為主食的魚。以銀帶等為代表。

低肥料…植物所需的肥料不足的狀態。

低溫草…生長於低溫狀態的水草。

汽水魚…在日本，這是用來稱呼暫時或永久在汽水域中棲息的魚。半淡鹹水魚。

亞馬遜…指南美洲的亞馬遜河流域一帶。是大多數熱帶魚的棲息地。

沼澤缸…重現自然濕地的水族箱。相對於一般水族箱或生態缸等是在小小的水槽內重現自然景觀，沼澤缸則是比較傾向用整個房間來來重現自然樣貌。

波浪狀…指葉緣呈波浪般起伏的線條。

匍匐莖…為了方便新芽從莖基部長出，採取橫向生長的莖。

珊瑚砂…由珊瑚礁做成的砂。可以讓水的硬度和 pH 值上升。

玻璃蓋…做為水族箱的蓋子。可以保溫並防止魚兒跳缸，是飼養熱帶魚時不可欠缺的用具。

耐壓管…在水族箱中添加 CO_2 時使用的管子。比一般風管更耐高壓。

食人魚…以「會吃人的魚」而聞名的脂鯉科魚類。現在有許多種類都有進口到日本。

食鱗魚…會剝取其他魚的鱗片來吃的魚，例如包頭虎魚等。

倒立魚…頭部總是朝下的魚，以枯葉魚為代表。

氣泡石…可以讓空氣幫浦所送入的空氣變得更加細緻的器具。

迷鰓魚…擁有迷鰓器官的魚類總稱。攀鱸科的魚就屬於這一類。

高光量…表示光量較多。

高肥料…植物所需的肥料有獲得充分供應的狀態。

淡水魚…在河川、湖沼等處棲息的魚類總稱。

產卵筒…給基質產卵型的七彩神仙魚和神仙魚等作為產卵床使用的筒狀物。大多都是以陶器製成的。

產卵箱…裝設於水族箱內、常用於卵胎生鱂魚繁殖的小型巢箱。這是為了不讓稚魚被親魚吃掉所下的工夫。有時也會放入衰弱的魚。

異型魚…棲息於南美洲，以獨特的方式進化的鯰科魚類的總稱。

莖下部…有莖水草的莖部下方部分。

莖基部…莖最下方的部分。

莖基葉…在莖基部長出的葉子。

莖頂部…莖的前端。

莖頂葉…莖的前端長出的葉子。

野生種…沒有經過人為干涉，在自然狀態下生長的種類。

無莖草…只有葉子而沒有莖的水草。
發情期…為了進行繁殖，雄魚展現自己來吸引雌魚的期間。幾乎所有的雄魚都會變得比平時更加美麗。
硝酸菌…可以將亞硝酸鹽分解成硝酸鹽的細菌。是好氧性細菌之一。
絲蚯蚓…棲息於水溝等處的水生蚯蚓。經常被拿來當作活餌。
黑鰭型…所有的魚鰭都為黑色的魚就稱為黑鰭型。較有名的有黑尾太陽等。
溶氧量…溶入水中的氧氣量。量太少的話，可能會讓魚兒死亡。可以用空氣幫浦等來增加溶氧量。
腹水病…腹中積水的疾病。
碳酸氣…CO_2 的慣用名稱。
銨離子…魚糞、殘餌、枯葉等有機物被異營細菌分解後的產物。對魚和水草沒有直接影響，但會因為 pH 值等的變化而轉變為氨。
熱帶魚…棲息於熱帶・亞熱帶地方的魚類總稱。分為棲息於海中的熱帶性海水魚，以及棲息於河川、池塘、湖泊中的熱帶性淡水魚。在日本，主要多半是指棲息於淡水及汽水域中的魚類總稱。
調節閥…調節 CO_2、O_2 等高壓瓶的流量的器具。
簇生狀…葉片從短莖上擴展開來，看起來好像是葉片直接從根上長出來一樣的生長方式。
隱蔽處…將岩石組合起來或是使用人工物品等，讓魚可以躲藏起來的場所。
擴散筒…擴散器的一種。先將 CO_2 存於筒中，再使其溶於水中的器具。
擴散器…將 CO_2 打入水中的器具。
豐年蝦…棲息於汽水域的一種蝦子。剛出生的稚魚大多會以豐年蝦幼蝦來餵食。
爛尾病…尾鰭等變得腐爛的疾病。在病情尚輕時可以用藥物治療。
纖毛蟲…草履蟲等微生物的總稱。用來作為連豐年蝦的幼生也無法食用的小稚魚的初期餌料。

四字部

人工飼料…由各種成分混合而成的人工合成飼料。配合不同的魚種，有各式各樣的種類。
人為分佈…將原本不存在於該地區的種類以人為方式使其廣泛分佈。例如大嘴黑鱸和藍鰓太陽魚。
水生植物…在水邊生育的植物總稱。
水草農場…培育水草的農場。
水族玩家…管理水族箱的人。
光合作用…植物利用光線和 CO_2 來合成養分及 O_2 的作用（碳素同化作用）。
羽狀網脈…指葉片中央有一根較粗的主脈，兩側的側脈則呈羽毛狀的葉脈。
自營細菌…這裡指的是會將異營細菌分解出的有機物（氨、氨鹽基）分解成亞硝酸鹽的亞硝酸菌，以及會將亞硝酸鹽分解成硝酸鹽的硝酸菌。
卵生鱂魚…以產卵的方式培育下一代的鱂魚。以日本的鱂魚和藍眼燈為代表。
改良品種…為了使其更加美觀而人為做出的品種。每年都有新種出現。
亞硝酸菌…可以將氨、氨鹽基分解成亞硝酸鹽的細菌。是好氧性細菌之一。
兩性異形…表示雄性與雌性的體型、體色等完全不同。
固體肥料…這是指相對於液肥，呈固體狀的肥料。
底棲食性…這類的魚會將嘴巴插入底砂中，分離出砂中的食物來吃。是慈鯛科的魚類常見的行為。
拔起修剪…為了讓水草增殖所進行的修剪。
空氣幫浦…將空氣打入水族箱中的器具。
挺水植物…根在水底，莖或葉的一部分伸展到水面上的植物。
根生植物…莖不抽長，葉片從莖基部呈簇生狀生長的植物。
迷鰓器官…不只是用鰓呼吸，也可以進行空氣呼吸的輔助呼吸器官的名稱。
基質產卵…這是指在岩石或流木上產下具有黏性的卵。例如七彩神仙魚、神仙魚等。
現地採集…在魚兒的棲息地進行的採集捕獲。
異營細菌…這裡指的是可以將魚糞、殘餌、枯草等有機物分解得更細，以便讓自營細菌（亞硝酸菌、硝酸菌）能夠加以吸收的細菌。
部分換水…將水族箱裡一部分的水進行更換的作業。
發光細菌…寄生於體側的一種細菌，會發出明亮的光。代表性的魚為黃金日光燈。
睡眠運動…以一日為週期的葉片的開閉運動。特別是綠菊草、狐尾藻、寶塔草等類，就算有開燈，一到了自己的睡覺時間，還是會將葉片合起來。

五字部

一年生草花…這是指春天時種子萌芽，夏天至秋天開花、結果，到了冬天時枯萎，只留下種子的植物。
二次淡水魚…指原本是海水魚，在逐漸適應淡水後，成為淡水魚的種類。
七彩神仙魚…慈鯛的同類。體型呈圓盤狀，以稚魚必須吃親魚體表所分泌的黏液才會長大而聞名。在世界各地都有進行改良。
好氧性細菌…必須要有氧氣才能存活的細菌。例如亞硝酸菌、硝酸菌等。
自然水族箱…表示更加意識到自然的水族造景。
卵胎生鱂魚…在腹中將卵孵化成稚魚後，再產下稚魚的鱂魚。以孔雀魚較為有名。
海綿過濾器…以空氣幫浦或沉水馬達使其運作的過濾裝置。可以減少吸入稚魚的情況發生。

六字部

上部式過濾器…設置於水族箱上方的過濾裝置。近年來有越來越多更講究的產品出現。
外掛式過濾器…掛設於水族箱玻璃面上的過濾裝置。
外部式過濾器…連接水管、設置於水族箱之外，內藏幫浦的過濾裝置。
投入式過濾器…以空氣幫浦就能使其運作的簡易過濾裝置。
底面式過濾器…設置於水族箱底部的過濾裝置。要以空氣幫浦或沉水馬達使其運作。
碳素同化作用…請參照「光合作用」。

七字部

荷蘭式水族造景…荷蘭式的水草缸。

照片・撰文　佐佐木浩之
編　　　輯　m.pico
設　　　計　DUE Design
插　　　圖　富田みはる
nagomic

製作協力　Orange Berry
器材協力　KOTOBUKI 工芸
GEX
SOA
攝影協力　Orange Berry
TROPICAL GARDEN
目高館 Part 1
Mermaid
永代熱帶魚
DREAM THEATER
TOKYO Sun Marine
日本觀賞魚貿易
山本貿易
池袋東武百貨店屋上寵物賣場
市ヶ谷 FISH CENTER
World FISH
PD 熱帶魚 CENTER
PENGUIN VILLAGE

高井 誠
岩本由紀
奧津匡倫
勝哲 哉
土屋大輔
肥田長泰
The Dudoos
Mariati & Yuli

●作者簡介

佐佐木浩之

1973年生。以小型、美麗的熱帶魚為主進行攝影的自由攝影師。在拍出優質、具動感的魚隻攝影上素有評價。從小就對水邊的生物抱持興趣，10歲開始飼養熱帶魚。在東南亞等當地實際進行採集、攝影，並以此為基礎，在雜誌等發表飼養情報或生態照片。此外，也有幫釣魚雜誌等進行水中攝影。

主要作品有：《世界の熱帯魚＆水草カタログ》、《熱帯魚・水草 樂しみ方BOOK》、《はじめての水草ガーデニング》（以上由成美堂出版）、《トロピカルフィッシュ・コレクション6南米小型シクリッド》（PISCES）等。

國家圖書館出版品預行編目資料

孔雀魚.日光燈的快樂飼養法/佐佐木浩之著；彭春美譯.
-- 二版. -- 新北市：漢欣文化事業有限公司, 2021.05
176面；21X15公分. -- (動物星球；20)
譯自：グッピー・ネオンテトラの飼い・楽しみ方
ISBN 978-957-686-807-8(平裝)
1.養魚

438.667　　110005156

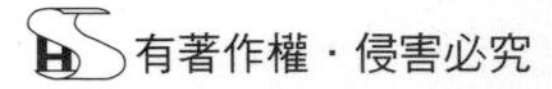

有著作權・侵害必究

定價320元

動物星球20

孔雀魚・日光燈的快樂飼養法（暢銷版）

作　　者／佐佐木浩之
譯　　者／彭春美
出 版 者／**漢欣文化事業有限公司**
地　　址／新北市板橋區板新路206號3樓
電　　話／02-8953-9611
傳　　真／02-8952-4084
郵撥帳號／05837599 漢欣文化事業有限公司
電子郵件／hsbookse@gmail.com
二版一刷／2021年5月

本書如有缺頁、破損或裝訂錯誤，請寄回更換

GENSHOKUZUKAN Guppy・*Paracheirodon innesi* NO KAIKATA・TANOSHIMIKATA
ⓒSEIBIDO SHUPPAN CO.,LTD 2005
Originally published in Japan in 2005 by SEIBIDO SHUPPAN CO.,LTD.
Chinese translation rights arranged through TOHAN CORPORATION, TOKYO.,
and Keio Cultural Enterprise Co., Ltd.